对接世界技能大赛技术标准创新系列教材
技工院校一体化课程教学改革服装设计与制作专业教材

服装部件制作

人力资源社会保障部教材办公室　组织编写

钱鹏　主编

中国劳动社会保障出版社

world skills China

简介

本书紧紧围绕技工院校对服装设计与制作专业人才的培养目标，紧扣企业工作实际，介绍了口袋、领子、袖子等不同服装部件制作的有关知识。本书以国家职业标准和“服装设计与制作专业国家技能人才培养标准及一体化课程规范（试行）”为依据，以企业需要为导向，充分借鉴世界技能大赛的先进理念、技术标准和评价体系，促进服装设计与制作专业教学与世界先进标准接轨。本书采用一体化教学模式编写，穿插介绍了世界技能大赛的有关知识，并附有部分拓展性内容，便于教师开展教学。

本书由钱鹏任主编，瞿慧、陈义华任副主编，周祥、薛翔凌参与编写，马学平任主审。

图书在版编目（CIP）数据

服装部件制作 / 钱鹏主编 . -- 北京 : 中国劳动社会保障出版社，2022
对接世界技能大赛技术标准创新系列教材
ISBN 978-7-5167-5513-6

Ⅰ. ①服… Ⅱ. ①钱… Ⅲ. ①服装 - 生产工艺 - 教材 Ⅳ. ①TS941.6

中国版本图书馆 CIP 数据核字（2022）第 177587 号

中国劳动社会保障出版社出版发行
（北京市惠新东街 1 号　邮政编码：100029）
*
三河市潮河印业有限公司印刷装订　　新华书店经销
787 毫米 ×1092 毫米　16 开本　20.75 印张　336 千字
2022 年 11 月第 1 版　　2026 年 1 月第 5 次印刷
定价：43.00 元

营销中心电话：400-606-6496
出版社网址：http://www.class.com.cn
http://jg.class.com.cn

对接世界技能大赛技术标准创新系列教材

编审委员会

主　任：刘　康

副主任：张　斌　王晓君　刘新昌　冯　政

委　员：王　飞　翟　涛　杨　奕　张　伟　赵庆鹏

姜华平　杜庚星　王鸿飞

服装设计与制作专业课程改革工作小组

课改校：江苏省盐城技师学院

广州市工贸技师学院

广州市白云工商技师学院

重庆市工贸高级技工学校

技术指导：李　宁

编　辑：丁　群

本书编审人员

主　编：钱　鹏

副主编：瞿　慧　陈义华

参　编：周　祥　薛翔凌

主　审：马学平

序

世界技能大赛由世界技能组织每两年举办一届，是迄今全球地位最高、规模最大、影响力最广的职业技能竞赛，被誉为“世界技能奥林匹克”。我国于 2010 年加入世界技能组织，先后参加了五届世界技能大赛，累计取得 36 金、29 银、20 铜和 58 个优胜奖的优异成绩。第 46 届世界技能大赛将在我国上海举办。2019 年 9 月，习近平总书记对我国选手在第 45 届世界技能大赛上取得佳绩作出重要指示，并强调，劳动者素质对一个国家、一个民族发展至关重要。技术工人队伍是支撑中国制造、中国创造的重要基础，对推动经济高质量发展具有重要作用。要健全技能人才培养、使用、评价、激励制度，大力发展技工教育，大规模开展职业技能培训，加快培养大批高素质劳动者和技术技能人才。要在全社会弘扬精益求精的工匠精神，激励广大青年走技能成才、技能报国之路。

为充分借鉴世界技能大赛先进理念、技术标准和评价体系，突出“高、精、尖、缺”导向，促进技工教育与世界先进标准接轨，完善我国技能人才培养模式，全面提升技能人才培养质量，人力资源社会保障部于 2019 年 4 月启动了世界技能大赛成果转化工作。根据成果转化工作方案，成立了由世界技能大赛中国集训基地、一体化课改学校，以及竞赛项目中国技术指导专家、企业专家、出版集团资深编辑组成的对接世界技能大赛技术标准深化专业课程改革工作小组，按照创新开发新专业、升级改造传统专业、深化一体化专业课程改革三种对接转化原则，以专业培养目标对接职业描述、专业课程对接世界技能标准、课程考核与评价对接评分方案等多种操作模式和路径，同时融入健康与安全、绿色与环保及可持续发展理念，开发与世界技能大赛项目对接的专业人才培养方案、教材及配套教学资源。首批对接 19 个世界技能大赛项目共 12 个专业的成果将于 2020—2021 年陆续出版，主要用于技工院校日常专业教学工作中，充分发挥世界技能大赛成果转化对技工院校技能人才的引领示范作用。在总结经验及调研的基础上选择新的对接项目，陆续启动第二批等世界技能大赛成果转化工作。

希望全国技工院校将对接世界技能大赛技术标准创新系列教材，作为深化专业课程建设、创新人才培养模式、提高人才培养质量的重要抓手，进一步推动教学改革，坚持高端引领，促进内涵发展，提升办学质量，为加快培养高水平的技能人才作出新的更大贡献！

2020 年 11 月

目 录

学习任务五 拉链安装

学习任务六 服饰配件制作

学习任务一
口袋制作

学习目标

1. 能读懂口袋制作生产工艺单，明确加工内容、数量及工期等要求。

2. 能仔细查看口袋制作生产工艺单的内容，明确口袋制作标准和工艺要求，按要求领取工具和材料。

3. 能根据口袋结构特点、工艺要求和面料特性，合理选择、调试、使用加工设备，按照安全生产操作规程，实施安全操作。

4. 能根据任务要求，合理选择工艺制作方法，独立完成口袋制作，做到缉线顺直、缝份一致、点位对齐、丝绺平顺、熨烫到位。

5. 能使用专业术语与相关人员有效沟通，高效地解决制作过程中的技术问题。

6. 能按照口袋质量检验标准（可参考世界技能大赛时装技术项目标准）对口袋部件进行自检、修改，确保产品质量。

7. 能正确保养设备并认真填写“设备保养记录表”。

8. 在工作过程中，能遵守“8S”管理规定，逐渐养成认真负责、规范有序、严谨细致的良好职业素养。

建议课时

12 学时。

学习任务描述

在服装企业的生产流水线上，制作口袋是一项常见任务。接到班组长安排的任务后，作业人员在车缝机位上，依据生产工艺单的具体要求，领取口袋裁片，独立完成口袋裁片核对，标记、定位，裁片缝制，整烫和质量检验等工序，并将完成的工件交由下一道工序的作业人员。

学习活动

1. 男衬衫前胸贴袋制作。

2. 双嵌线口袋制作。

3. 男西裤侧缝斜插袋制作。

学习活动 1
男衬衫前胸贴袋制作

学习目标

1. 能严格遵守工作制度，服从工作安排，按要求准备好男衬衫前胸贴袋制作所需的工具、设备、材料与各项技术文件。

2. 能正确识读男衬衫前胸贴袋制作的各项技术文件，明确男衬衫前胸贴袋制作的流程、方法和注意事项。

3. 能查阅相关技术资料，制订男衬衫前胸贴袋制作的计划，并在教师的指导下，通过小组讨论作出决策。

4. 能依据技术文件要求，结合男衬衫前胸贴袋制作规范，独立完成男衬衫前胸贴袋的制作、检查与复核工作。

5. 能按照企业标准（或世界技能大赛评分标准）对男衬衫前胸贴袋成品进行质量检验，并依据检验结果，将前胸贴袋修改、调整到位。

6. 能记录男衬衫前胸贴袋制作过程中的疑难点，通过小组讨论、合作探究，或在教师的指导下，提出较为合理的解决办法。

7. 能展示、评价男衬衫前胸贴袋制作各阶段成果，并根据评价结果，作出相应反馈。

一、学习准备

1. 服装制作学习工作室、缝制设备、整烫设备。

2. 劳保服装、安全生产操作规程、生产工艺单（见表 1-1）、服装缝制工艺相关学习材料。

表 1–1　　男衬衫前胸贴袋生产工艺单

<table>
<tr><td>部件名称</td><td colspan="2">男衬衫前胸贴袋</td></tr>
<tr><td>款式图与款式说明</td><td>款式图</td><td>款式说明：
1. 袋宽 12 cm，袋高 14 cm，袋角起翘 1 cm
2. 袋口缉线宽 2.8 cm
3. 袋布边缘缉线宽 0.1 cm，袋口两侧封三角宽 0.5 cm</td></tr>
<tr><td>工艺要求</td><td colspan="2">1. 缝制采用 11 号机针，线迹密度为 16 ～ 18 针 /3 厘米，线迹松紧适度，且中间无跳线、断线、接线
2. 尺寸规格达到要求，袋宽、袋高误差小于 0.2 cm，袋口缉线宽度误差小于 0.1 cm，袋布边缘缉线宽度误差为 0 cm
3. 袋布四角方正，左右对称，无歪斜，无吃皱，无毛漏
4. 口袋里外光洁，线头清理干净
5. 熨烫平服，无烫黄、变色，无水渍、污渍，无破损
6. 作品整洁、美观</td></tr>
<tr><td>制作流程</td><td colspan="2">核对裁片→小烫袋口、缉袋口线→扣烫贴袋成净样→标记、定位→贴缝口袋→整烫、整理→质量检验</td></tr>
<tr><td>备注</td><td colspan="2"></td></tr>
</table>

3. 分成学习小组（以英文大写字母命名，每组 5 ～ 6 人），分组信息填写在表 1–2 中。

表 1–2　　小组编号表

组号	组内成员及编号	组长姓名	组长编号	本人姓名	本人编号

提个醒

请同学们检查一下，劳保服装有没有穿好？然后仔细阅读张贴在墙上的安全生产操作规程，将其要点摘录下来。

二、学习过程

（一）明确工作任务、获取相关信息

1. 知识学习

引导问题

（1）请同学们想一想，我们日常穿着的服装，通常在哪些部位设置口袋，它们有什么作用？

____

____

小贴士

服装的口袋有很多种，分类方法也很多，代表性的分类方法是按照口袋制作的方式分类，一般分为：贴袋、开袋和缝内袋。

贴袋是指将布料裁剪成一定的形状，直接缉缝在衣片表面的一种口袋。男衬衫的胸袋、牛仔裤的后袋、中山装前面的四个口袋、茄克衫与休闲裤上的立体袋和风琴袋等都属于贴袋。

开袋是指在衣片上按一定的形状剪开成口袋，袋口处以布料缉缝固定，内衬作为袋里的口袋。裤子的后嵌袋、男西装的手巾袋和前面左右两侧的袋盖式嵌袋等都属于开袋。

缝内袋是指袋口开在衣片与衣片的拼缝当中，内衬作为袋里的口袋。裤子左右两侧的直插袋、斜插袋、月牙袋等都属于缝内袋。

服装口袋兼具实用功能和装饰功能。一般情况下，口袋位置的设置应以手方便触及为佳，口袋的大小应与手的大小相适应，插手袋的袋口应比手掌宽 3 ～ 4 cm，袋深以插入手掌后袋口与手腕骨平齐为宜。

讨论

（2）请同学们仔细观察自己身上穿的衣服的口袋，写出其属于贴袋、开袋或缝内袋中的哪一种；通过亲自实践，探究口袋与手掌之间的关系，并进行小组讨论，简述讨论结果。

引导问题

（3）请同学们在表 1-3 所示服装图片的下方填写其口袋的类型。

表 1-3　　　　口袋类型识别表

服装图片			
口袋类型			
服装图片			
口袋类型			

引导、评价、更正与完善

在教师讲评引导的基础上，对本阶段的学习活动成果进行自我评分和小组评分（100 分制），之后独立用红笔对本阶段的引导问题的回答进行更正和完善。

项目	类别	分数	项目	类别	分数
个人自评分	关键能力		小组评分	关键能力	
	专业能力			专业能力	

世界技能大赛链接

口袋设计制作是世界技能大赛时装技术项目中经常会测试的内容。第 45 届世界技能大赛时装技术项目国家集训队“五进一”选拔赛中，选手就在规定的时间内完成一条有贴袋的短裙的制作，选手作品如图 1–1 所示。

第 45 届世界技能大赛时装技术项目服装设计制作模块中，选手要围绕主题“皇家俄罗斯”，设计缝制一件全里大衣，必须有口袋，口袋在贴袋、西服袋、开线袋中三选一。图 1–2 所示是获得金牌的中国选手温彩云设计制作的大衣的贴袋。

图 1–1　贴袋短裙

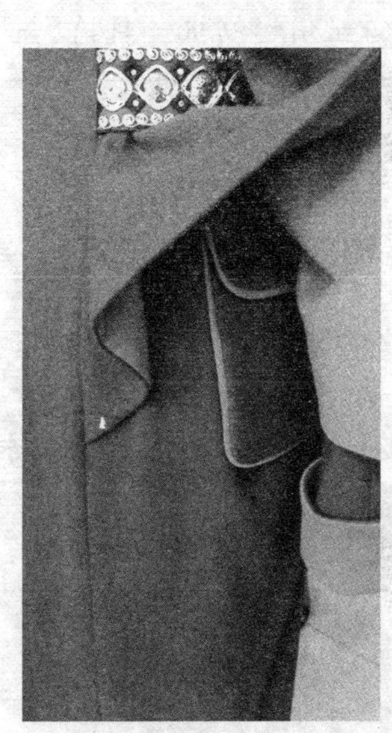

图 1–2　大衣贴袋

小贴士

服装制作需要用到很多工具和设备，主要包括裁剪工具和设备、缝制工具和设备、整烫工具和设备。缝纫机、熨斗、剪刀、针、镊子、梭芯、梭壳、卷尺等是我们在服装制作过程中经常会用到的。

小贴士

缝纫机是用一根或多根缝纫线，在缝料上形成一种或多种线迹，使一层或多层缝料交织或缝合起来的机器。缝纫机能缝制棉、麻、丝、毛、人造纤维等制成的织物和皮革、塑料、纸张等制品，缝出的线迹平整牢固、整齐美观，缝纫速度快，使用简便。

1790 年，英国的托马斯发明了缝制靴鞋用的单线链式手摇缝纫机，这台缝纫机用木材做机架，部分零件用金属材料制造，它是世界上第一台缝纫机。

1851 年，美国机械工人胜家独立设计并制造出胜家缝纫机。该机缝纫速度为 600 针 / 分钟，于 1853 年获得专利。此后，缝纫机开始大量用于生产，并逐步增加了钉纽扣、锁纽孔、加固、刺绣等功能。

1975 年，胜家公司又发明了电脑控制的多功能家用缝纫机，此后又逐步研发出工业用缝纫机。目前，世界上缝纫机的种类已达 6 000 种以上。

2. 学习检验

引导问题

（1）在教师的引导下，独立完成表 1-4 的填写。

表 1-4　　学习任务与学习活动简要归纳表

本次学习任务的名称	
本次学习任务的主要目标	
本次学习任务的活动内容	
本次学习活动的名称	
本次学习活动的主要目标	
你认为本次学习活动中，哪些目标的实现难度较大	

引导问题

（2）请同学们在表 1-5 所示工具设备或材料图片的下方写出它们的名称与功能。

表 1-5　　工具与设备识别表

工具或设备			
名称与功能			
工具或设备			
名称与功能			
工具或设备			
名称与功能			
工具或设备			
名称与功能			
工具或设备			
名称与功能			

引导问题

（3）在图 1-3 中写出图片所示电脑高速平缝机各标示部位零部件的名称，并在下方简要填写其功能。

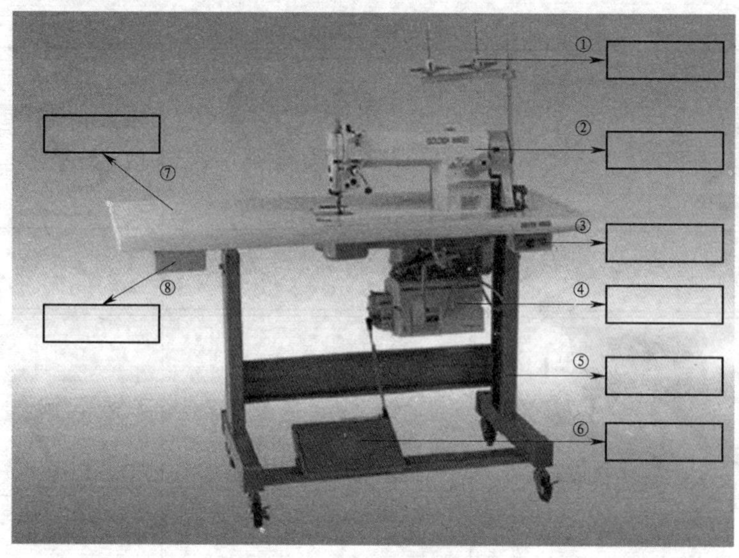

图 1-3　电脑高速平缝机

① ________________　② ________________

③ ________________　④ ________________

⑤ ________________　⑥ ________________

⑦ ________________　⑧ ________________

引导问题

（4）在图 1-4 中写出图片所示电脑高速平缝机各标示部位零部件的名称，并在下方简要填写其功能。

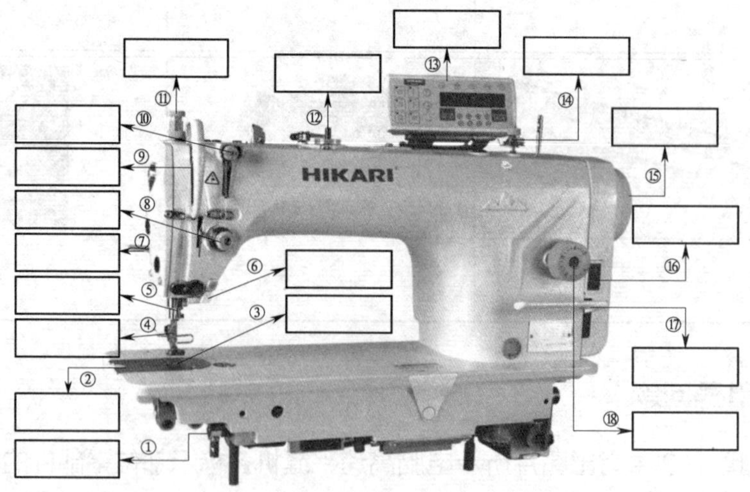

图 1-4　HIKARI 电脑高速平缝机

① ______________________ ② ______________________

③ ______________________ ④ ______________________

⑤ ______________________ ⑥ ______________________

⑦ ______________________ ⑧ ______________________

⑨ ______________________ ⑩ ______________________

⑪ ______________________ ⑫ ______________________

⑬ ______________________ ⑭ ______________________

⑮ ______________________ ⑯ ______________________

⑰ ______________________ ⑱ ______________________

查询与收集

（5）通过网络浏览或资料查询，在图 1-5 中写出图片所示熨斗名称及其各标示部位零部件的名称，并在下方简要填写其功能。

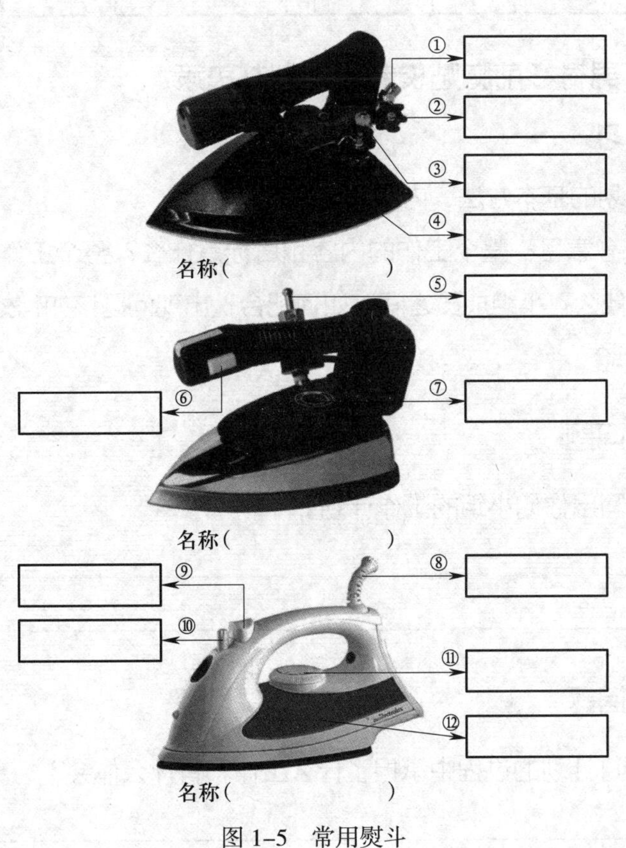

图 1-5 常用熨斗

① ______ ② ______
③ ______ ④ ______
⑤ ______ ⑥ ______
⑦ ______ ⑧ ______
⑨ ______ ⑩ ______
⑪ ______ ⑫ ______

引导、评价、更正与完善

在教师讲评引导的基础上，对本阶段的学习活动成果进行自我评分和小组评分（100 分制），之后独立用红笔对本阶段的引导问题的回答进行更正和完善。

项目	类别	分数	项目	类别	分数
个人自评分	关键能力		小组评分	关键能力	
	专业能力			专业能力	

（二）制订男衬衫前胸贴袋制作计划并决策

1. 知识学习

学习制订计划的基本方法、内容和注意事项。

计划制订参考意见：整个工作的内容和目标是什么？整个工作分几步实施？工作过程中要注意什么？小组成员之间该如何配合？出现问题该如何处理？

2. 学习检验

引导问题

（1）请简要写出你们小组的工作计划。

______

______

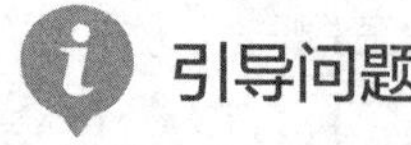

引导问题

（2）你在制订计划的过程中承担了什么工作，有什么体会？

______

______

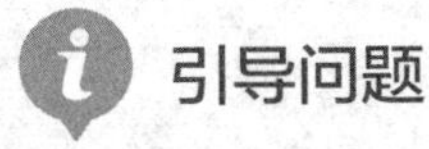

引导问题

（3）教师对于小组的计划给出了什么修改建议，为什么？

引导问题

（4）你认为计划中哪些地方比较难实施？为什么？如何克服难点？有什么建议？

引导问题

（5）小组最终作出了什么决定？是如何作出的？

引导、评价、更正与完善

在教师讲评引导的基础上，对本阶段的学习活动成果进行自我评分和小组评分（100 分制），之后独立用红笔对本阶段的引导问题的回答进行更正和完善。

项目	类别	分数	项目	类别	分数
个人自评分	关键能力		小组评分	关键能力	
	专业能力			专业能力	

（三）男衬衫前胸贴袋制作与检验

1. 知识学习

请同学们认真阅读男衬衫前胸贴袋生产工艺单，然后回答以下引导问题。

引导问题

（1）简述男衬衫前胸贴袋制作的工艺要求。

引导问题

（2）简述男衬衫前胸贴袋的制作流程。

____

____

世界技能大赛链接

在第 46 届世界技能大赛时装技术项目江苏选拔赛中，就有对口袋制作的考评内容，具体见表 1–6。

表 1–6　口袋制作考核评分表

模块 D		女风衣设计制作	人台评分	
序号	分值	考评内容	评分标准	得分
M7	3	口袋	每处错误扣 0.5 分	
		口袋制作平整牢固、无毛漏，兜口服帖，自然闭合，左右对称，数量正确（2 个），且具有功能性		

2. 操作演示

请扫描二维码，观看男衬衫前胸贴袋制作视频。

3. 技能训练

引导问题

（1）请同学们在教师的示范指导下，进行高速平缝机的空车训练，然后查阅相关学习材料，进行小组讨论，并独立回答以下几个问题。

①如何控制高速平缝机的开、关？______________________________

②如何控制压脚的起落？______________________________

③如何控制高速平缝机的运行速度？______________________________

④如何倒针？______________________________

⑤正确操作高速平缝机的要求主要有哪些？______________________________

____

____

引导问题

（2）请同学们在教师的示范指导下，使用吊瓶蒸汽熨斗进行整烫训练，然后查阅相关学习材料，进行小组讨论，并独立回答以下几个问题。

①如何控制吊瓶蒸汽熨斗的开、关？______________________

____

②如何调节吊瓶蒸汽熨斗的熨烫温度？____________________

____

③吊瓶蒸汽熨斗在什么条件下可以喷蒸汽？如何喷？__________

____

④正确操作吊瓶蒸汽熨斗的要求主要有哪些？______________

____

小贴士

服装熨烫定型五要素包括：熨烫温度、熨烫湿度、熨烫压力、熨烫时间、熨烫后的冷却。

（1）熨烫温度

熨烫中掌握熨烫温度最为重要，不同的衣料由于材料结构、质地不同，所需的熨烫温度也不同。温度过高，易使衣料过热焦黄；温度过低，则达不到熨烫要求。

（2）熨烫湿度

熨烫的湿度控制可采用给面料喷水的方法。大多数衣料均可采用湿烫。湿烫的主要方法有两种，一种是向布面喷水，另一种是盖湿布。使用向布面喷水方法，熨烫比较直接，推、归、拔效果比较理想；使用盖湿布方法，对整烫比较有利，可以避免烫坏衣料。

（3）熨烫压力

手工熨烫压力的来源，除了熨斗的自身重量外，主要是手施加的压力。

手施加的压力大小可以根据衣料的质地不同而变化，也可以根据服装的部位和熨烫要求不同而变化。一般而言，质地紧密的衣料需要施加的压力大些；质地疏松和轻薄的衣料，需要施加的压力小些；绒毛类衣料，施加压力小些，否则会引起绒毛倾倒等质量问题。

（4）熨烫时间

熨烫时间与熨烫压力有直接关系。熨烫压力要求小的衣物，熨烫时间就短；熨烫压力要求大的衣物，熨烫时间可长些。一般来说，熨烫时间应在三四秒左右，最长不超过 10 s。熨烫时间过长可能使衣料褪色、烫焦等。

（5）熨烫后的冷却

温度、湿度、压力、时间等条件使衣料达到预期的变形，但定型不能在加热过程中实现，而是在冷却后实现的，手工熨烫一般采用自然冷却。

引导问题

（3）请同学们在教师的指导下，各自核对发放的材料种类（面料、衬料、样板、辅料等）和数量，填在表 1-7 中。

表 1-7　　材料种类与数量填写表

材料名称	前衣身裁片	袋布	袋口扣烫板	贴袋扣烫板
材料种类				
材料数量				

引导问题

（4）浅色面料在用划粉定位时，划粉是用深色好还是用浅色好？粉印是粗一些好还是细一些好？标记应打成表 1-8 中哪一种好（勾选）？

表 1-8　　标记类型选择表

●	+	△

引导问题

（5）请同学们在教师的示范指导下，进行高速平缝机平缝训练，然后查阅相关学习材料，进行小组讨论，并独立回答以下几个问题。

①如何穿高速平缝机的面线？____

____

②如何绕高速平缝机的底线？____

____

③如何安装梭芯和旋梭？____

____

④如何调节面线的张力？____

____

⑤如何调节底线的张力？____

____

⑥如何调节线迹密度？____

____

小贴士

平缝机的缝纫线迹是通过上下线绞合形成的。当上下线的绞合度一致，绞合点在面料中间时，为正常线迹。缝纫线迹不应有上线松、下线紧，或上线紧、下线松的情况，具体如图 1-6 所示。

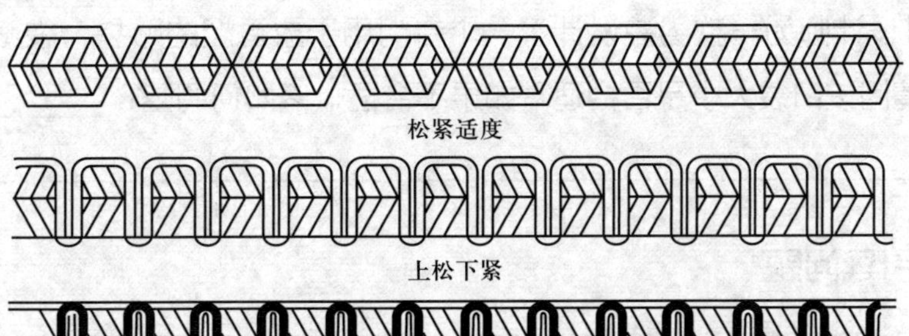

图 1-6　缝纫线迹对比示意图

引导问题

（6）请同学们根据男衬衫前胸贴袋制作工艺流程，结合观看视频和教师示范，在教师的指导下，完成男衬衫前胸贴袋的车缝与整烫，并独立回答以下问题。

①在车缝与整烫时，为什么要始终保持手和工作台面的干净整洁？

____

②材料和缝制工具能否在缝纫机的工作台面上任意摆放，为什么？

____

③袋口扣烫板和贴袋扣烫板各起什么作用？

____

④袋口缉线时，两端是否要打倒回针？______________

⑤缉缝贴袋时，为什么起始和终止时要打倒回针，正常情况下要倒几针，倒几回？

____

⑥缉缝贴袋时，是上层略推送、下层略拉紧，还是上层略拉紧、下层略推送？

____

⑦在扣烫口袋净样和成品整烫时，为什么熨烫前要先取一小块与衣物相同的面料试烫，再正式熨烫，而且要尽量减少正面熨烫？

____

引导问题

（7）某设计师为一款男装设计了一个专门用于放香烟的贴袋，袋宽 7 cm、袋高 6 cm。请问该口袋大小是否合适？如果不合适，该如何调整？______________

____

引导问题

（8）选择标准男衬衫、牛仔裤和男茄克各 1 款，测量其口袋宽、高和线迹密度，并将测量数据填写在表 1-9 中。

表 1-9　　服装口袋尺寸与线迹密度表

服装款式	标准男衬衫	牛仔裤	男茄克
口袋宽、高			
线迹密度（针 /3 厘米）			

引导问题

（9）请写出图 1-7 所示的 a、b 两种贴袋在扣烫方式上有哪些不同？其制作完成后的口袋在品质上有哪些不同？

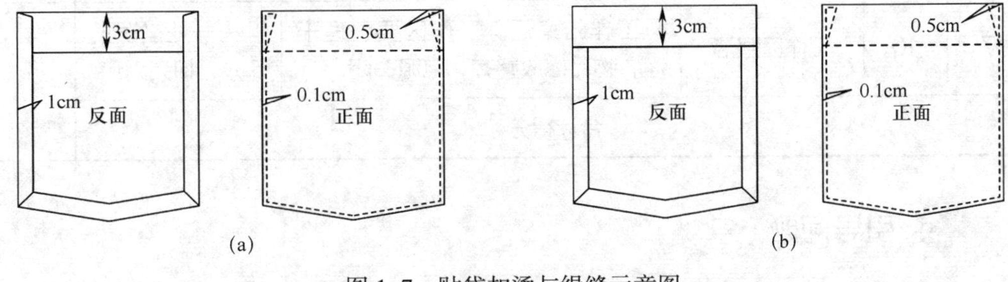

图 1-7　贴袋扣烫与缉缝示意图

4. 学习检验

训练

（1）请同学们在教师的指导下，参照世界技能大赛评分标准，完成男衬衫前胸贴袋成品的质量检验，并独立填写表 1-10，并将男衬衫前胸贴袋修改、调整到位。

表 1-10　　男衬衫前胸贴袋制作评分表（参照世界技能大赛评分标准）

序号	分值	评分项目	评分内容	评分标准	得分
1	15	男衬衫前胸贴袋的完成度	按照工艺要求完成制作	完成得分，未完成不得分	
2	15	整洁度	外观干净整洁、无脏斑、无过度熨烫、无熨烫不足、无线头、无破损	有一处错误扣 5 分，扣完为止	
3	20	规格	尺寸规格达到要求，袋宽、袋高误差小于 0.2 cm，袋口缉线宽度误差小于 0.1 cm，袋布边缘缉线宽度误差为 0 cm	有一处错误扣 5 分，扣完为止	

续表

序号	分值	评分项目	评分内容	评分标准	得分
4	10	裁片丝绺	裁片丝绺准确，有条格的面料需对条、对格	有一处错误扣5分，扣完为止	
5	10	线迹	线迹密度：16 ~ 18 针 /3 厘米，线迹松紧适度，且中间无跳线、断线、接线	有一处错误扣5分，扣完为止	
6	20	外观	袋布四角方正、左右对称、无歪斜、无吃皱、无毛漏	有一处错误扣5分，扣完为止	
7	10	工作区整洁	工作结束后，工作区要整理干净，物品摆放整齐，电源关闭	有一处错误扣5分，扣完为止	
合计得分					

引导问题

（2）请同学们以小组为单位，完成表 1-11 的填写。

表 1-11　　设备使用记录表

使用设备名称		是否正常使用	
		是	否，是如何处理的
裁剪设备			
缝制设备			
整烫设备			

引导、评价、更正与完善

在教师讲评引导的基础上，对本阶段的学习活动成果进行自我评分和小组评分（100 分制），之后独立用红笔对本阶段的引导问题的回答进行更正和完善。

项目	类别	分数	项目	类别	分数
个人自评分	关键能力		小组评分	关键能力	
	专业能力			专业能力	

（四）成果展示与评价反馈

1. 知识学习

服装制作完成后，需要对其进行展示和评价，并作出相应反馈。展示和评价方法如下。

（1）展示的方法有平面展示法、人台展示法、其他展示法。

平面展示法是一种将服装作品平铺在工作台上进行展示的方法；人台展示法是将服装作品穿在人台上进行展示的方法；其他展示法主要包括真人穿着展示和衣架悬挂展示等。

男衬衫前胸贴袋成品建议在干净的工作台上平铺展示。

（2）评价的方法有观察法、测量法、比对法等。

观察法是指通过目测判断服装整体品质好坏的一种评价方法；测量法是指用皮尺、直尺等测量工具对服装成品进行尺寸测量，从而判断尺寸是否符合规格要求的一种评价方法；比对法是指将服装上对称部位直接比对，观察其形状、尺寸是否一致的一种评价方法。

worldskills international

世界技能大赛链接

世界技能大赛时装技术项目服装制作这一模块的客观评分有两项：平铺评分和人台评分。图 1–8 所示为第 45 届世界技能大赛裁判评分现场。

图 1–8　第 45 届世界技能大赛裁判评分现场

2. 技能训练

（1）将男衬衫前胸贴袋成品平铺在干净的工作台上进行平面展示。

自我评价

（2）依据表 1-10，对平铺展示的男衬衫前胸贴袋成品进行自我评价和小组评价。

3. 学习检验

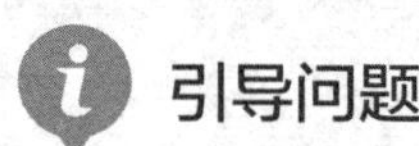

（1）在教师的指导下，在小组内进行作品展示，然后经由小组讨论，推选出一组最佳作品，进行全班展示与评价，并由组长简要介绍推选的理由，小组其他成员补充并记录。

小组最佳作品制作人：____________________

推选理由：____

____

____

____

其他小组评价意见：____

____

____

教师评价意见：____

____

____

引导问题

（2）将本次学习活动出现的问题及其产生的原因和解决的办法填写在表 1-12 中。

表 1-12 问题分析表

出现的问题	产生的原因	解决的办法

自我评价

（3）将本次学习活动中自己最满意的地方和最不满意的地方各写一点，并简要说明原因，然后完成表 1-13 中相关内容的填写。

最满意的地方：________________

最不满意的地方：________________

表 1-13 学习活动考核评价表

学习活动名称：男衬衫前胸贴袋制作

班级：　　学号：　　姓名：　　指导教师：

<table>
<tr><th rowspan="3">评价项目</th><th rowspan="3">评价标准</th><th rowspan="3">评价依据</th><th colspan="3">评价方式</th><th rowspan="3">权重</th><th rowspan="3">得分小计</th><th rowspan="3">总分</th></tr>
<tr><th>自我评价</th><th>小组评价</th><th>教师（企业）评价</th></tr>
<tr><th>10%</th><th>20%</th><th>70%</th></tr>
<tr><td>关键能力</td><td>1. 能穿戴劳保服装，遵守安全生产操作规程
2. 能参与小组讨论，制订计划，相互交流与评价
3. 能积极主动、勤学好问
4. 能清晰、准确地与相关人员进行沟通
5. 能清扫场地和机台，归置物品，填写设备使用记录</td><td>1. 课堂表现
2. 工作页填写</td><td></td><td></td><td></td><td>40%</td><td></td><td></td></tr>
</table>

续表

<table>
<tr><th rowspan="3">评价项目</th><th rowspan="3">评价标准</th><th rowspan="3">评价依据</th><th colspan="3">评价方式</th><th rowspan="3">权重</th><th rowspan="3">得分小计</th><th rowspan="3">总分</th></tr>
<tr><th>自我评价</th><th>小组评价</th><th>教师（企业）评价</th></tr>
<tr><th>10%</th><th>20%</th><th>70%</th></tr>
<tr><td>专业能力</td><td>1. 能区分不同的口袋类型
2. 能叙述男衬衫前胸贴袋制作所用工具和设备的名称与功能
3. 能识读男衬衫前胸贴袋生产工艺单，明确工艺要求，叙述其制作流程
4. 能在教师指导下，完成男衬衫前胸贴袋制作的全过程
5. 能按照企业标准（或世界技能大赛评分标准）对男衬衫前胸贴袋成品进行质量检验，并进行展示</td><td>1. 课堂表现
2. 工作页填写
3. 提交的作品</td><td></td><td></td><td></td><td>60%</td><td></td><td></td></tr>
<tr><td>指导教师综合评价</td><td colspan="8">指导教师签名：　　　　　　　　　　日期：</td></tr>
</table>

三、学习拓展

说明：本阶段学习拓展建议课时为 2 ~ 4 课时，要求学生在课后独立完成。教师可根据本校的教学需要和学生的实际情况，选择部分或全部内容进行实践，也可另行选择相关拓展内容，亦可不实施本学习拓展，将其所省课时用于学习过程阶段实践内容的强化。

拓展 1

请同学们在教师指导下，通过小组讨论交流，完成图1-9所示风琴袋制作。风琴袋袋高15 cm、袋宽12.6 cm，袋盖宽13 cm、高5 cm，风琴条宽2.5 cm。

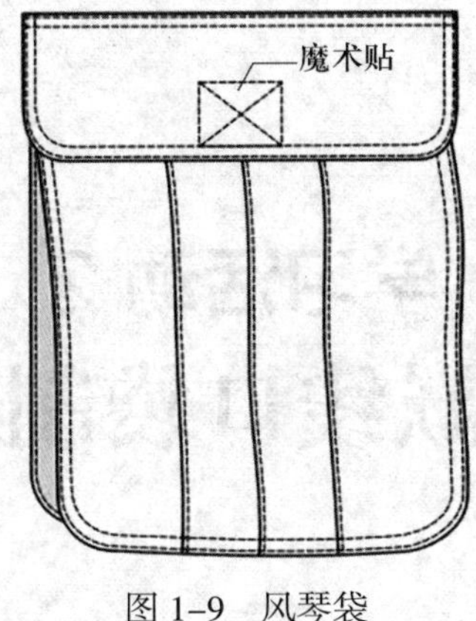

图 1-9　风琴袋

拓展 2

请同学们在教师指导下，通过小组讨论交流，完成图 1-10 所示男西服的明贴袋的制作。男西服的明贴袋袋高 18 cm，袋宽 16 cm。

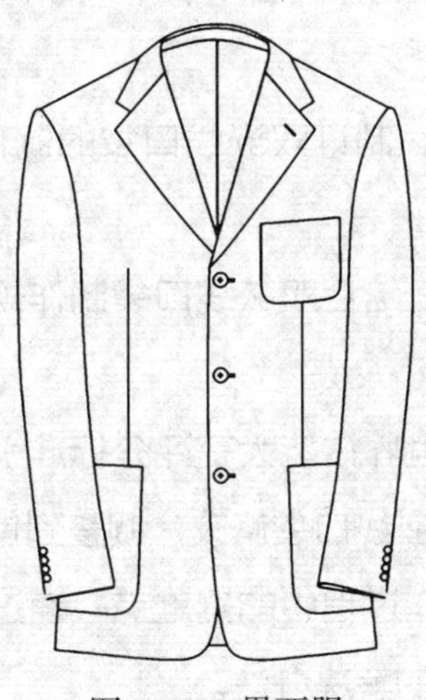

图 1-10　男西服

查询与收集

请同学们通过查阅相关学习材料或企业生产工艺单，选择 2 个关于贴袋制作的生产工艺单，摘录其工艺要求和制作流程。

学习活动 2 双嵌线口袋制作

学习目标

1. 能严格遵守工作制度，服从工作安排，按要求准备好双嵌线口袋制作所需的工具、设备、材料与各项技术文件。

2. 能正确识读双嵌线口袋制作的各项技术文件，明确双嵌线口袋制作的流程、方法和注意事项。

3. 能查阅相关技术资料，制订双嵌线口袋的制作计划，并在教师的指导下，通过小组讨论作出决策。

4. 能依据技术文件要求，结合双嵌线口袋制作规范，独立完成双嵌线口袋的制作、检查与复核工作。

5. 能按照企业标准（或世界技能大赛评分标准）对双嵌线口袋成品质量进行检验，并依据检验结果，将双嵌线口袋修改、调整到位。

6. 能记录双嵌线口袋制作过程中的疑难点，通过小组讨论、合作探究，或在教师的指导下，提出较为合理的解决办法。

7. 能展示、评价双嵌线口袋制作各阶段成果，并根据评价结果作出相应反馈。

一、学习准备

1. 服装制作学习工作室、缝制设备、整烫设备。

2. 劳保服装、安全生产操作规程、生产工艺单（见表 1-14）、服装缝制工艺相关学习材料。

3. 分成学习小组（以英文大写字母命名，每组 5 ～ 6 人），分组信息填写在表 1-15 中。

表 1-14　双嵌线口袋生产工艺单

部件名称	双嵌线口袋	
款式图与款式说明	款式图	款式说明： 1. 袋口宽 13 cm，袋口高 1 cm，嵌线宽 0.5 cm 2. 袋布宽 24 cm，袋布高 16 cm
工艺要求	1. 缝制采用 14 号机针，线迹密度为 14 ~ 16 针 /3 厘米，线迹松紧适度 2. 尺寸规格达到要求，袋口宽误差小于 0.2 cm，袋口高误差小于 0.1 cm，袋布宽、高误差小于 0.3 cm 3. 袋布上端高出衣片上端 0.5 ~ 1 cm，并缉缝固定，袋口里外光边 4. 袋口四角方正、无毛漏，嵌线宽窄一致，中间无漏缝 5. 垫袋布四周光边，袋布四角方正，正面两侧缉线宽 0.5 cm 6. 口袋里外光洁，线头清理干净 7. 熨烫平服，无烫黄、变色，无水渍、污渍，无破损 8. 作品整洁、美观	
制作流程	核对裁片→衣片、嵌线布反面贴衬，嵌线布小烫→标记、定位→嵌线缉缝→开袋，封三角→做袋布→封袋口→质量检验	
备注		

表 1-15　小组编号表

组号	组内成员及编号	组长姓名	组长编号	本人姓名	本人编号

引导问题

（1）机针穿线的时候，缝纫机电源应该打开还是关闭？请选择。（　　）

A. 开　　　　B. 关

引导问题

（2）缝纫机在不使用时，应该如何处理？请选择。（　　）

A. 一直开着　　　　B. 人走机停

二、学习过程

（一）明确工作任务、获取相关信息

1. 知识学习

引导问题

（1）请同学们想一想，我们日常穿着的服装通常在哪些部位设有双嵌线口袋？它们有什么作用？

____

____

____

小贴士

开袋按其嵌线特点和制作工艺上的差别可分为单嵌线口袋、双嵌线口袋、袋盖式嵌线口袋和变化式嵌线口袋四种。其中，休闲裤的后嵌袋、男西装左胸的手巾袋和茄克衫左右两侧的斜插袋一般都采用单嵌线口袋；男西裤的后开袋一般都采用双嵌线口袋；男西装和女西装前面左右两侧的开袋等都属于袋盖式嵌线口袋；一些特别强调口袋设计效果的服装还会采用变化式嵌线口袋。

讨论

（2）请同学们仔细观察自己身上穿的衣服的口袋，写出其属于单嵌线口袋、双嵌线口袋、袋盖式嵌线口袋和变化式嵌线口袋中的哪一种，并进行小组讨论，然后简要写出讨论的结果。

____

____

____

____

引导问题

（3）请同学们在表 1-16 所示口袋图片的下方填写其所属嵌线口袋的类型。

表 1-16　　嵌线口袋类型识别表

口袋图片		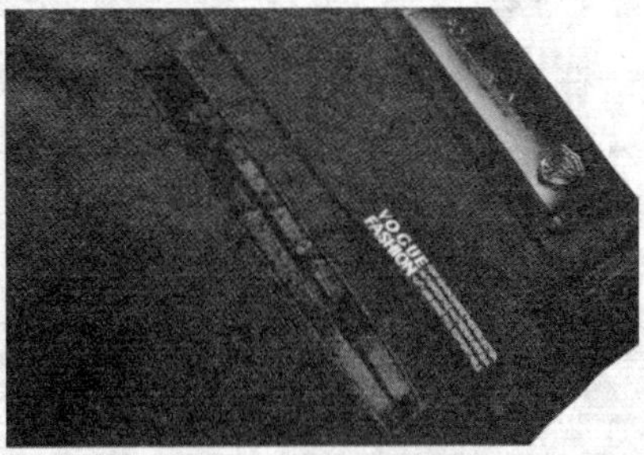
口袋类型		
口袋图片		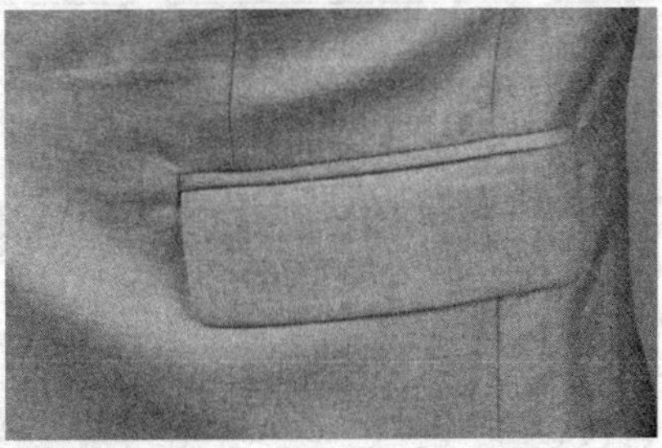
口袋类型		
口袋图片		
口袋类型		
口袋图片	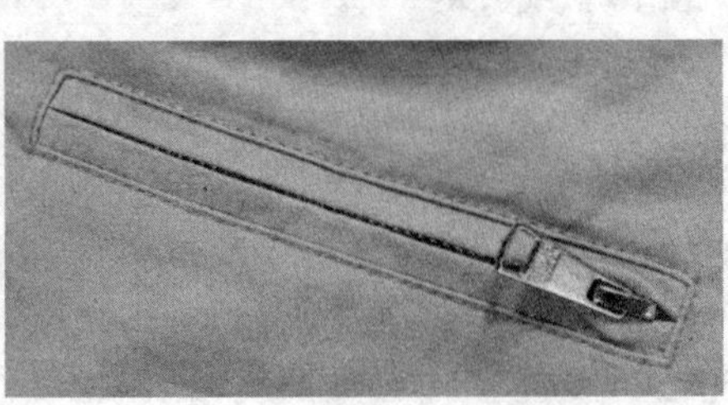	
口袋类型		

引导、评价、更正与完善

在教师讲评引导的基础上，对本阶段的学习活动成果进行自我评分和小组评分（100 分制），之后独立用红笔对本阶段的引导问题的回答进行更正和完善。

项目	类别	分数	项目	类别	分数
个人自评分	关键能力		小组评分	关键能力	
	专业能力			专业能力	

世界技能大赛链接

图 1–11 所示是第 45 届世界技能大赛时装技术项目金牌获得者中国选手温彩云的获奖作品。该作品口袋采用的是变化单嵌线口袋设计。

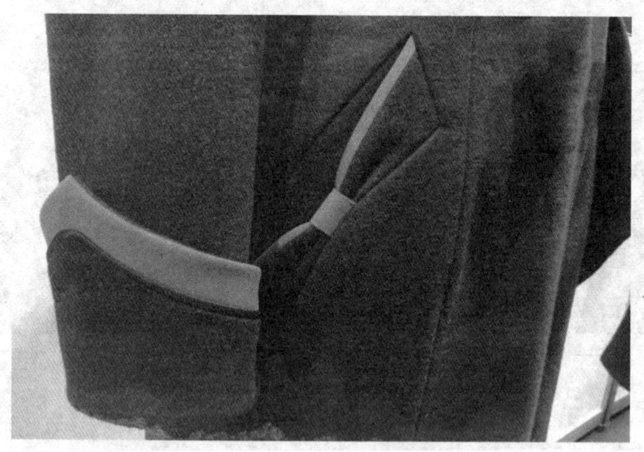

图 1–11　变化单嵌线口袋

世界技能大赛链接

图 1–12 所示是第 46 届世界技能大赛时装技术项目国家集训队“十进五”选拔赛中，江苏选手卞燕的参赛备选作品。她在连衣裙左右两侧设计了两个具有装饰效果的单嵌线口袋。

图 1-12　单嵌线口袋连衣裙

2. 学习检验

引导问题

（1）在教师的引导下，独立完成表 1-17 的填写。

表 1-17　　学习任务与学习活动简要归纳表

本次学习任务的名称	
本次学习活动的名称	
本次学习活动的主要目标	
你认为本次学习活动中，哪些目标的实现难度较大	

讨论

（2）在服装工业生产中，口袋做好后，一般都需要在袋口两侧打套结（见图 1-13），请问套结有什么作用？

____

____

图 1-13　打套结的西装裤口袋

小贴士

套结机也叫打枣车或打结机，通常用来加固线迹，一般适合于针织制品、西服、牛仔服等服装生产加工。套结机起到服装受力部位加固、圆头纽孔缝尾部位加固等作用。套结机样式如图 1-14 所示，套结效果如图 1-13 所示。

图 1-14　套结机

引导、评价、更正与完善

在教师讲评引导的基础上，对本阶段的学习活动成果进行自我评分和小组评分（100 分制），之后独立用红笔对本阶段的引导问题的回答进行更正和完善。

项目	类别	分数	项目	类别	分数
个人自评分	关键能力		小组评分	关键能力	
	专业能力			专业能力	

（二）制订双嵌线口袋制作计划并决策

1. 知识学习

学习制订计划的基本方法、内容和注意事项。

计划制订参考意见：整个工作的内容和目标是什么？整个工作分几步实施？工作过程中要注意什么？小组成员之间该如何配合？出现问题该如何处理？

2. 学习检验

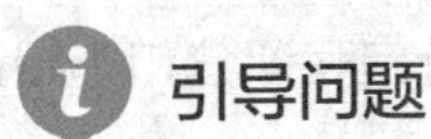

引导问题

（1）请简要写出你们的小组工作计划。

____

____

____

引导问题

（2）你在制订计划的过程中承担了什么工作，有什么体会？

____

____

____

引导问题

（3）对于小组的计划教师给出了什么修改建议，为什么？

____

____

____

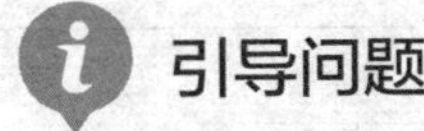

引导问题

（4）你认为计划中哪些地方比较难实施？为什么？

____

____

____

 引导问题

（5）小组最终作出了什么决定？是如何作出的？

引导、评价、更正与完善

在教师讲评引导的基础上，对本阶段的学习活动成果进行自我评分和小组评分（100 分制），之后独立用红笔对本阶段的引导问题的回答进行更正和完善。

项目	类别	分数	项目	类别	分数
个人自评分	关键能力		小组评分	关键能力	
	专业能力			专业能力	

（三）双嵌线口袋制作与检验

1. 知识学习

请同学们认真阅读双嵌线口袋生产工艺单，然后回答以下引导问题。

 引导问题

（1）简述双嵌线口袋制作的工艺要求。

引导问题

（2）简述双嵌线口袋的制作流程。

世界技能大赛链接

图 1–15 所示是第 45 届世界技能大赛时装技术项目金牌获得者中国选手温彩云的设计作品，她在大衣左右两侧设计了两个具有装饰效果的双嵌线口袋。

图 1-15　双嵌线口袋大衣

2. 操作演示

请扫描二维码，观看双嵌线口袋制作视频。

3. 技能训练

引导问题

（1）开袋衣片和嵌线布的反面都贴衬，请通过小组讨论，分析这两个步骤在功能上的差异，然后简要写出讨论的结果。

____

____

____

引导问题

（2）在小烫嵌线时，上嵌线采用对折的方式，下嵌线采用折倒的方式，具体如

图 1-16 所示，试通过小组讨论，分析这样做的原因。另外，下嵌线布边 AB 在制作时，什么时候适宜折边，什么时候适宜包缝？

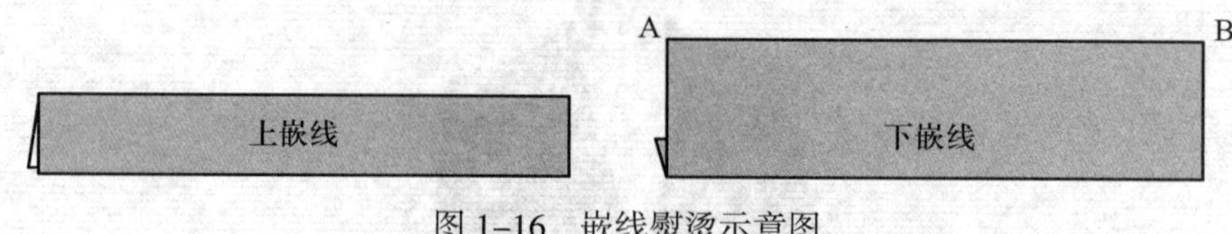

图 1-16　嵌线熨烫示意图

引导问题

（3）在布料正面开袋定位时，有两种方式，如图 1-17 所示，试通过小组讨论，分析两种定位方式有什么差异，为什么两种定位方式都将袋口线做了一定的延长（见图 1-17 虚线）？

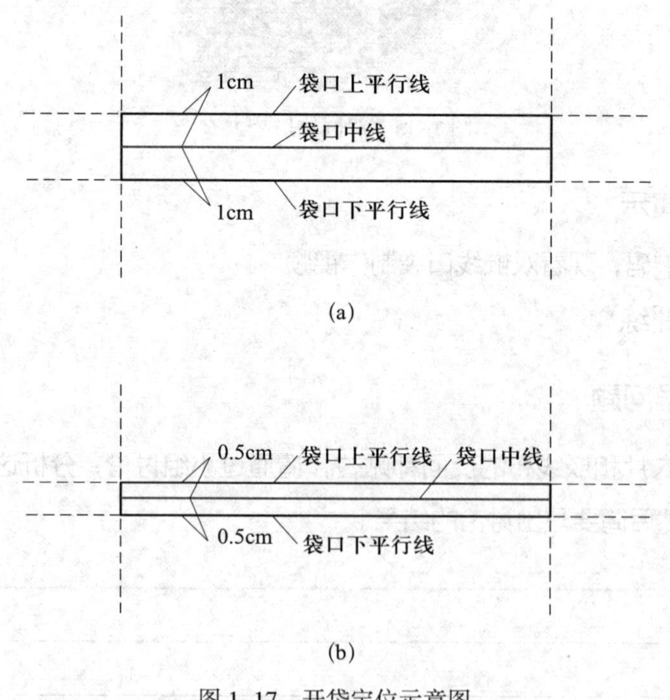

图 1-17　开袋定位示意图

引导问题

（4）在嵌线定位时，有分别定位和对合定位两种方法，如图 1-18 所示，试通过小组讨论，分析哪种定位方法更好，为什么？

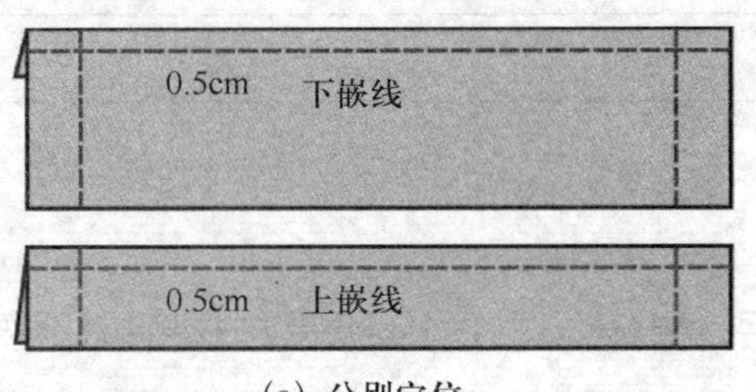

（a）分别定位

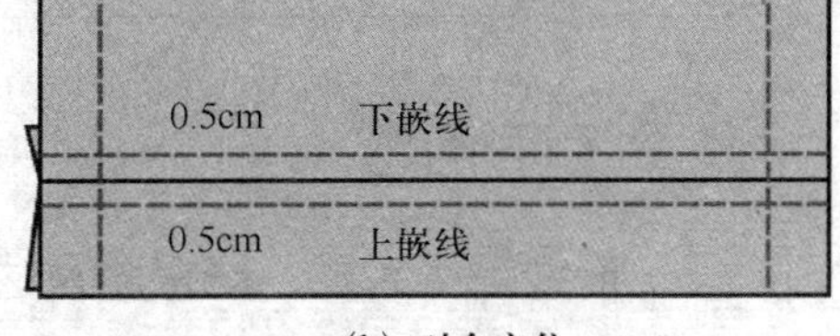

（b）对合定位

图 1-18　嵌线定位示意图

引导问题

（5）请同学们根据双嵌线口袋制作工艺流程，结合观看视频和教师示范，在教师的指导下，完成双嵌线口袋的车缝与整烫，并独立回答以下问题。

①开袋之前，为什么要将袋布通过攥针法或用平缝机通过大针距固定在开袋衣片的反面？固定线大概在什么位置？

②平缝机的针距大小如何调节？

③将袋布固定在开袋布上有两种方法：一种是先在开袋衣片的反面贴好衬，再将袋布固定在开袋衣片的反面；另一种是先将袋布和袋口无纺衬一起固定，再将衬贴在开袋衣片的反面。请通过小组讨论，分析哪一种方法更好。

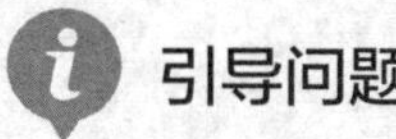

引导问题

（6）缉缝嵌线时，两端是否要打倒回针？为什么要略拉紧袋布？如何判断缉线是否达到要求？

引导问题

（7）嵌线缉缝完成，确保质量达到要求后，要按照图 1–19 所示方式将袋口剪开（图中实线）。请问是将开袋衣片剪开，还是将开袋衣片和袋布一起剪开？剪的时候要注意什么？ 0.8 cm 的三角量是否可变，如何变？

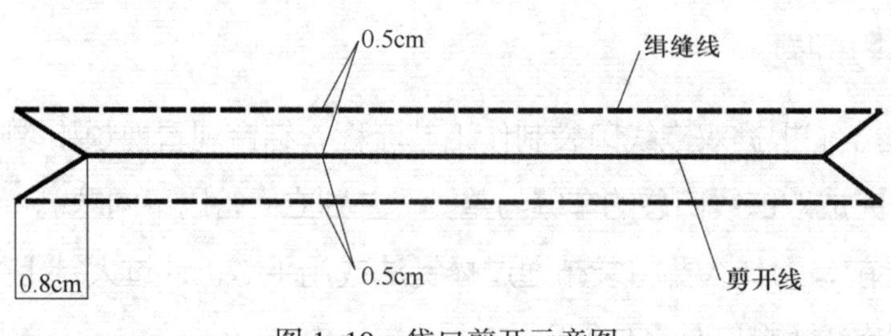

图 1–19　袋口剪开示意图

引导问题

（8）袋口剪开，翻折熨烫后，需按照图 1–20 所示封三角。为什么在封三角时要贴齐翻折线，既不能缉在翻折线上，也不能远离翻折线？缉线时是否需要打倒回针？

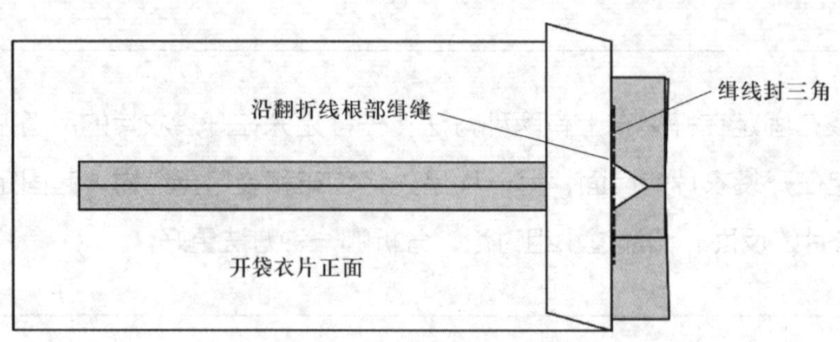

图 1–20　封三角示意图

引导问题

（9）为什么垫袋布和嵌线的宽度都比袋布的宽度短 1 cm，可不可以一样宽，或更短一些？

引导问题

（10）垫袋布和缉线的位置如图 1-21 所示，请问垫袋布的四边是否需要包缝，对 *AB* 边有哪些工艺处理方式？缉缝 AB 边和 CD 边时两端是否要打倒回针？

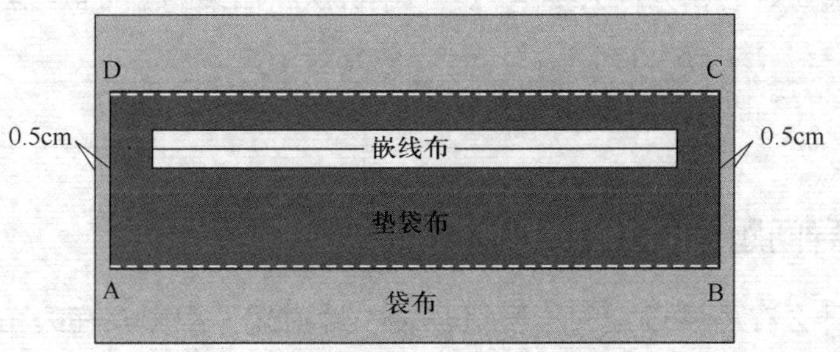

图 1-21　垫袋布和缉线位置示意图

引导问题

（11）垫袋布装好后，将袋布反向相叠，左右两侧缉线 0.4 cm 封口，翻到正面缉线 0.5 cm，请问为什么要这样处理？它与袋布宽、垫袋布宽之间有什么内在的联系？

引导问题

（12）袋布做好后，要将袋口的左、上、右三边固定，先将开袋衣片撩起，再沿袋口三边的根部缉缝，注意两端要打倒回针，缉缝反面如图 1–22 所示。请问在缉缝上袋口线时，为什么要将袋口略向袋中线位置推？

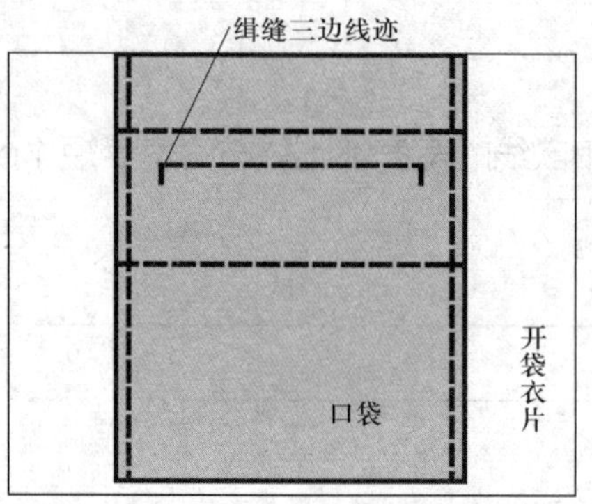

图 1–22　缉缝袋口示意图

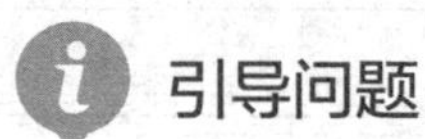

（13）口袋做好后，为什么要用“之”字针法将口袋的上下嵌线封住？

引导问题

（14）为什么在熨烫口袋时，要将开袋衣片撩起，用熨斗在袋布上沿袋口四周小心熨烫，而不直接在口袋正面熨烫？

（15）请同学们在教师的指导下，各自核对发放的材料种类（面料、里料、衬料、样板、辅料等）、数量和规格，填写在表 1–18 中。

表 1–18　材料明细表

材料名称	开袋衣片	垫袋布	袋布	嵌线布	袋口无纺衬	嵌线衬
材料种类						
材料数量						
宽 × 高						

4. 学习检验

训练

（1）请同学们在教师的指导下，参照世界技能大赛评分标准，完成双嵌线口袋成品的质量检验，独立填写表 1–19，并将双嵌线口袋修改、调整到位。

表 1–19　双嵌线口袋制作评分表（参照世界技能大赛评分标准）

序号	分值	评分项目	评分内容	评分标准	得分
1	15	双嵌线口袋的完成度	按照工艺要求完成制作	完成得分，未完成不得分	
2	15	整洁度	外观干净整洁、无脏斑、无过度熨烫、无熨烫不足、无线头、无破损	有一处错误扣 5 分，扣完为止	
3	20	规格	尺寸规格达到要求，袋口宽、高误差分别小于 0.2 cm、0.1 cm，袋布宽、高误差小于 0.3 cm	有一处错误扣 5 分，扣完为止	
4	10	裁片丝绺	裁片丝绺准确	有一处错误扣 5 分，扣完为止	
5	10	线迹	线迹密度：14 ~ 16 针 /3 厘米，线迹松紧适度	有一处错误扣 5 分，扣完为止	
6	20	外观	袋布四角方正、左右对称、无歪斜、无吃皱、无毛漏	有一处错误扣 5 分，扣完为止	
7	10	工作区整洁	工作结束后，工作区要整理干净，物品摆放整齐，电源关闭	有一处错误扣 5 分，扣完为止	
合计得分					

引导问题

（2）请同学们以小组为单位，完成表 1–20 的填写。

表 1–20　设备使用记录表

<table>
<tr><th colspan="2" rowspan="2">使用设备名称</th><th colspan="2">是否正常使用</th></tr>
<tr><th>是</th><th>否，是如何处理的</th></tr>
<tr><td>裁剪设备</td><td></td><td></td><td></td></tr>
<tr><td>缝制设备</td><td></td><td></td><td></td></tr>
<tr><td>整烫设备</td><td></td><td></td><td></td></tr>
</table>

引导、评价、更正与完善

在教师讲评引导的基础上，对本阶段的学习活动成果进行自我评分和小组评分（100 分制），之后独立用红笔对本阶段的引导问题的回答进行更正和完善。

项目	类别	分数	项目	类别	分数
个人自评分	关键能力		小组评分	关键能力	
	专业能力			专业能力	

（四）成果展示与评价反馈

1. 知识学习

双嵌线口袋成品建议在干净的工作台上平面展示。

通过观察双嵌线口袋外观是否干净整洁，袋口四角是否方正、中间是否豁开，袋角有无毛漏来判断其工艺质量是否达到要求；通过测量口袋的高、宽和袋布高、宽，来判断其尺寸是否符合要求，最终进行总体评价。

世界技能大赛链接

图 1–23 所示是第 43 届世界技能大赛时装技术项目全国选拔赛的参赛作品。选手在上衣左右两侧设计了两个袋盖式嵌线口袋。

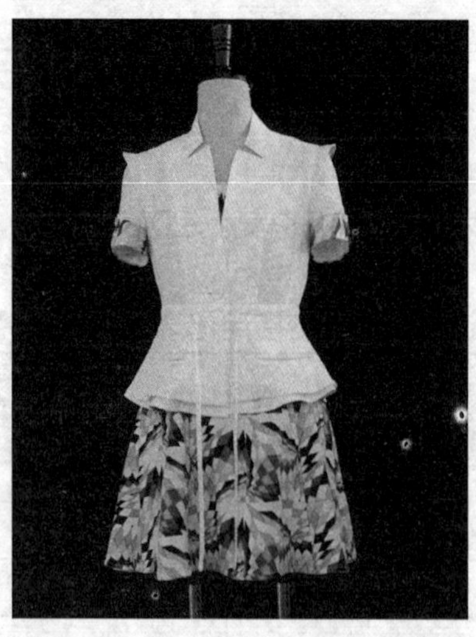

图 1–23　袋盖式嵌线口袋上衣

2. 技能训练

实践

（1）将双嵌线口袋成品平铺在干净的工作台上进行平面展示。

自我评价

（2）依据表 1-19，对平铺展示的双嵌线口袋成品进行自我评价和小组评价。

3. 学习检验

引导问题

（1）在教师的指导下，在小组内进行作品展示，然后经由小组讨论，推选出一组最佳作品，进行全班展示与评价，并由组长简要介绍推选的理由，小组其他成员补充并记录。

小组最佳作品制作人：________________

推选理由：____

____

____

其他小组评价意见：____

____

教师评价意见：____

____

引导问题

（2）将本次学习活动出现的问题及其产生的原因和解决的办法填写在表 1-21 中。

表 1-21　问题分析表

出现的问题	产生的原因	解决的办法

自我评价

（3）将本次学习活动中自己最满意的地方和最不满意的地方各写一点，并简要说明原因，然后完成表 1-22 中相关内容的填写。

最满意的地方：____

最不满意的地方：____

表 1-22　　学习活动考核评价表

学习活动名称：双嵌线口袋制作

班级：　　学号：　　姓名：　　指导教师：

评价项目	评价标准	评价依据	评价方式			权重	得分小计	总分
			自我评价	小组评价	教师（企业）评价			
			10%	20%	70%			
关键能力	1. 能穿戴劳保服装，遵守安全生产操作规程 2. 能参与小组讨论，制订计划，相互交流与评价 3. 能积极主动、勤学好问 4. 能清晰、准确地与相关人员进行沟通 5. 能清扫场地和机台，归置物品，填写设备使用记录	1. 课堂表现 2. 工作页填写				40%		
专业能力	1. 能区分不同的口袋类型 2. 能叙述双嵌线口袋制作所用工具和设备的名称与功能 3. 能识读双嵌线口袋生产工艺单，明确工艺要求，叙述其制作流程 4. 能在教师指导下，完成双嵌线口袋制作的全过程 5. 能按照企业标准（或世界技能大赛评分标准）对双嵌线口袋成品进行质量检验，并进行展示	1. 课堂表现 2. 工作页填写 3. 提交的作品				60%		
指导教师综合评价	指导教师签名：　　日期：							

三、学习拓展

说明：本阶段学习拓展建议课时为 2 ～ 4 课时，要求学生在课后独立完成。教师可根据本校的教学需要和学生的实际情况，选择部分或全部内容进行实践，也可另行选择相关拓展内容，亦可不实施本学习拓展，将其所省课时用于学习过程阶段实践内容的强化。

拓展 1

请同学们在教师指导下，通过小组讨论交流，完成图 1–24 所示单嵌线口袋的制作。单嵌线口袋袋口宽 13 cm、高 1 cm。

拓展 2

请同学们在教师指导下，通过小组讨论交流，完成图 1–25 所示男西服袋盖式嵌线口袋和手巾袋的制作。袋盖式嵌线口袋袋盖高 5 cm，袋口宽 15 cm，嵌线宽 0.5 cm；手巾袋袋口宽 15 cm，袋口高 2.5 cm，袋口起翘 1.5 cm。

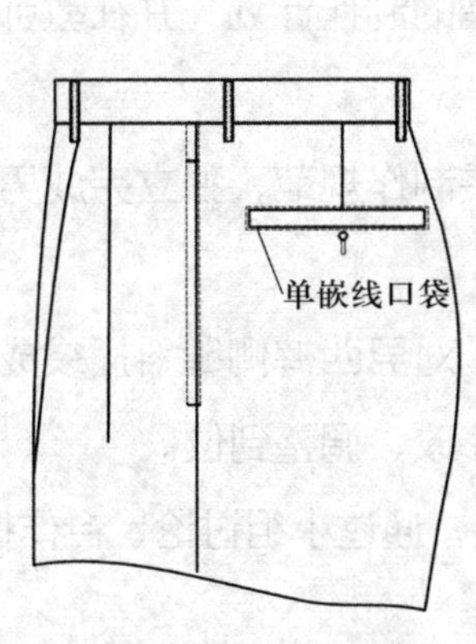

图 1–24　单嵌线口袋

图 1–25　男西服

查询与收集

请同学们通过查阅相关学习材料或企业生产工艺单，选择 2 个关于双嵌线口袋制作的生产工艺单，摘录其工艺要求和制作流程。

学习活动 3 男西裤侧缝斜插袋制作

学习目标

1. 能严格遵守工作制度，服从工作安排，按要求准备好男西裤侧缝斜插袋制作所需的工具、设备、材料与各项技术文件。

2. 能正确识读男西裤侧缝斜插袋制作的各项技术文件，明确男西裤侧缝斜插袋制作的流程、方法和注意事项。

3. 能查阅相关技术资料，制订男西裤侧缝斜插袋的制作计划，并在教师的指导下，通过小组讨论作出决策。

4. 能依据技术文件要求，结合男西裤侧缝斜插袋制作规范，独立完成男西裤侧缝斜插袋的制作、检查与复核工作。

5. 能按照企业标准（或世界技能大赛评分标准）对男西裤侧缝斜插袋成品质量进行检验，并依据检验结果，将男西裤侧缝斜插袋修改、调整到位。

6. 能记录男西裤侧缝斜插袋制作过程中的疑难点，通过小组讨论、合作探究，或在教师的指导下，提出较为合理的解决办法。

7. 能展示、评价男西裤侧缝斜插袋制作各阶段成果，并根据评价结果，作出相应反馈。

一、学习准备

1. 服装制作学习工作室、缝制设备、整烫设备。

2. 劳保服装、安全生产操作规程、生产工艺单（见表 1–23）、服装缝制工艺相关学习材料。

3. 分成学习小组（以英文大写字母命名，每组 5 ～ 6 人），分组信息填写在表 1-24 中。

表 1-23　　男西裤侧缝斜插袋生产工艺单

<table>
<tr><td>部件名称</td><td colspan="2">男西裤侧缝斜插袋</td></tr>
<tr><td>款式图与款式说明</td><td>侧缝斜插袋
款式图</td><td>款式说明：
1. 袋口宽 18 cm，袋口缉线宽 0.6 cm，上袋口偏斜 3.5 cm，上袋口距腰头下口线 3 cm 处和下袋口底端位置打套结
2. 袋布宽 30 cm、高 16 cm
3. 袋布底缉线宽 0.5 cm</td></tr>
<tr><td>工艺要求</td><td colspan="2">1. 缝制采用 14 号机针，线迹密度为 14 ～ 16 针 /3 厘米，误差小于 2 针 /3 厘米，线迹松紧适度
2. 尺寸规格达到要求，袋口宽误差小于 0.3 cm，袋口缉线宽、上袋口偏斜误差小于 0.1 cm，套结位置无误差，袋布宽、高误差小于 0.3 cm
3. 袋布上端与腰平齐，并缉缝固定
4. 袋口平服，缉线平行方正、宽窄一致，套结牢固
5. 垫袋布和袋口里侧包缝，正面缉线 0.4 cm
6. 口袋里外光洁，线头清理干净
7. 熨烫平服，无烫黄、变色，无水渍、污渍，无破损
8. 作品整洁、美观</td></tr>
<tr><td>制作流程</td><td colspan="2">核对裁片→袋口反面贴衬→烫垫袋布→缝合垫袋布，袋口、袋布缉线→合裤片→标记、定位，固定袋口→整烫、整理→质量检验</td></tr>
<tr><td>备注</td><td colspan="2"></td></tr>
</table>

表 1-24　　小组编号表

组号	组内成员及编号	组长姓名	组长编号	本人姓名	本人编号

引导问题

电熨斗不使用时，应以哪种方式摆放在工作台上？请选择。(　　)

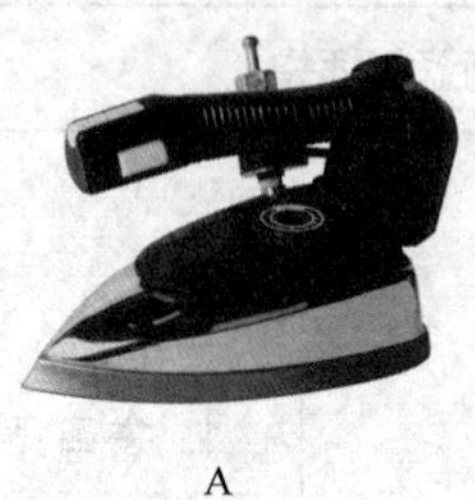
A

B

二、学习过程

(一) 明确工作任务、获取相关信息

1. 知识学习

引导问题

(1) 请同学们自己想一想，我们日常穿着的服装，通常在哪些部位设有斜插袋，它们有什么作用？

____

____

小贴士

缝内袋是设计在衣片拼缝当中的口袋，有的比较隐匿，有的则比较明显。例如，裤子左右两侧的直插袋、斜插袋、月牙袋等，这些口袋本身会有很多设计上的变化，相应的制作工艺也会有所不同。

讨论

(2) 请同学们仔细观察自己身上穿的衣服的口袋，写出其属于直插袋、斜插袋、月牙袋中的哪一种？并进行小组讨论，然后简要写出讨论的结果。

____

____

引导问题

（3）请同学们在表 1-25 所示口袋图片的下方填写其所属缝内袋的类型。

表 1-25　　缝内袋类型识别表

口袋图片			
口袋类型			
口袋图片			
口袋类型			

引导、评价、更正与完善

在教师讲评引导的基础上，对本阶段的学习活动成果进行自我评分和小组评分（100 分制），之后独立用红笔对本阶段的引导问题的回答进行更正和完善。

项目	类别	分数	项目	类别	分数
个人自评分	关键能力		小组评分	关键能力	
	专业能力			专业能力	

世界技能大赛链接

图 1-26 所示是第 46 届世界技能大赛时装技术项目国家集训队江苏选手卞燕的训练作品，她在裤子左右两侧设计了月牙袋。

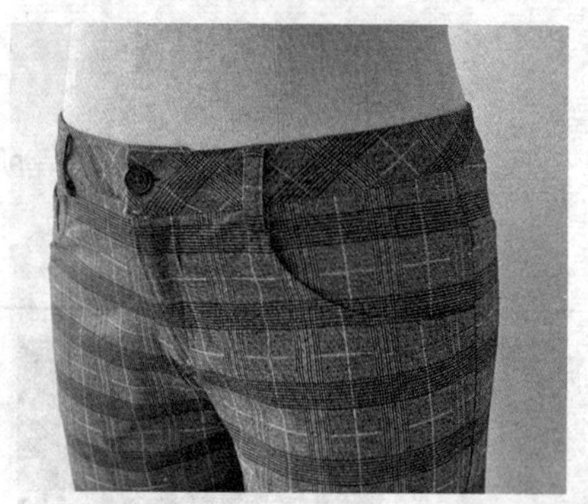

图 1-26　安装月牙袋的裤子

2. 学习检验

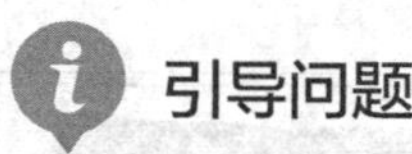

在教师的引导下，独立完成表 1-26 的填写。

表 1-26　学习任务与学习活动简要归纳表

本次学习任务的名称	
本次学习活动的名称	
本次学习活动的主要目标	
你认为本次学习活动中，哪些目标的实现难度较大	

引导、评价、更正与完善

在教师讲评引导的基础上，对本阶段的学习活动成果进行自我评分和小组评分（100 分制），之后独立用红笔对本阶段的引导问题的回答进行更正和完善。

项目	类别	分数	项目	类别	分数
个人自评分	关键能力		小组评分	关键能力	
	专业能力			专业能力	

（二）制订男西裤侧缝斜插袋制作计划并决策

1. 知识学习

学习制订计划的基本方法、内容和注意事项。

计划制订参考意见：整个工作的内容和目标是什么？整个工作分几步实施？工作过程中要注意什么？小组成员之间该如何配合？出现问题该如何处理？

2. 学习检验

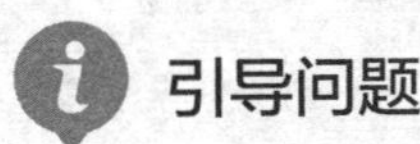

引导问题

（1）请简要写出你们的小组工作计划。

引导问题

（2）你在制订计划的过程中承担了什么工作，有什么体会？

引导问题

（3）教师对于小组的计划给出了什么修改建议，为什么？

引导问题

（4）你认为计划中哪些地方比较难实施，为什么？你有什么想法？

引导问题

（5）小组最终作出了什么决定？是如何作出的？

引导、评价、更正与完善

在教师讲评引导的基础上，对本阶段的学习活动成果进行自我评分和小组评分（100 分制），之后独立用红笔对本阶段的引导问题的回答进行更正和完善。

项目	类别	分数	项目	类别	分数
个人自评分	关键能力		小组评分	关键能力	
	专业能力			专业能力	

（三）男西裤侧缝斜插袋制作与检验

1. 知识学习

请同学们认真阅读男西裤侧缝斜插袋生产工艺单，然后回答以下引导问题。

引导问题

（1）简述男西裤侧缝斜插袋制作的工艺要求。

引导问题

（2）简述男西裤侧缝斜插袋的制作流程。

世界技能大赛链接

图 1–27 所示是第 44 届世界技能大赛时装技术项目国家集训队“十进五”比赛中的参赛作品。选手在连衣裙侧缝设计了缝内袋，并在袋口两侧打了套结，非常精致。

图 1-27　连衣裙成品及其侧缝缝内袋

2. 操作演示

请扫描二维码，观看男西裤侧缝斜插袋制作视频。

3. 技能训练

讨论

（1）请在教师的指导下，通过小组讨论，分析为什么要在袋口反面贴直丝衬，然后简要写出讨论的结果。

____

____

____

引导问题

（2）裤子斜插袋在制作的时候，经常会在袋口嵌边，如图 1-28 所示。请问如果要求袋口内为光边，在工艺上该如何处理？

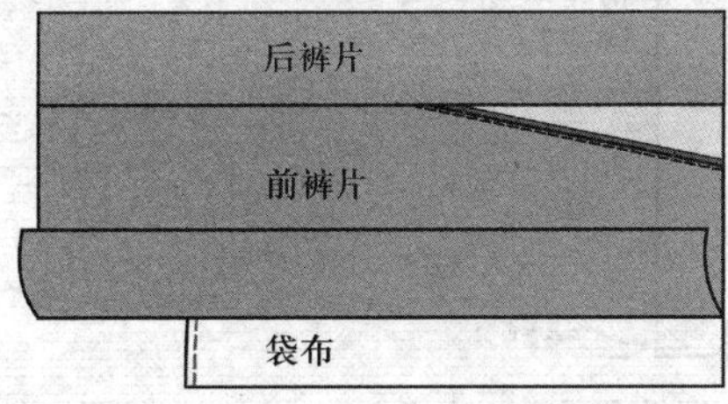

图 1-28　嵌边式斜插袋

 引导问题

（3）垫袋布固定在袋布上以后，其下口比袋底进了 0.5 cm，如图 1-29 所示，这是为什么？

 引导问题

（4）在缉缝袋底时，折线部位一般为起针位置，通常不打倒回针，只留一个线辫，如图 1-29 所示，这是为什么？

 引导问题

（5）袋底线缉好后，将袋底在折边线位置折倒，把袋布翻到正面，缉 0.5 cm 明线固封袋底，如图 1-30 所示。请问，为什么要将袋底在折边线位置折倒？

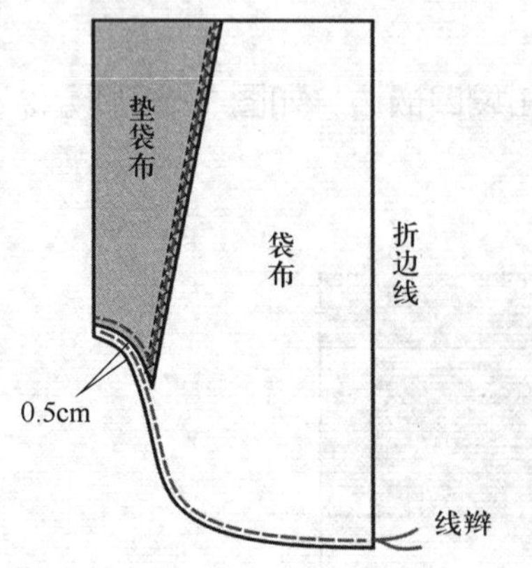

图 1-29　固定垫袋布与缉缝袋底示意图

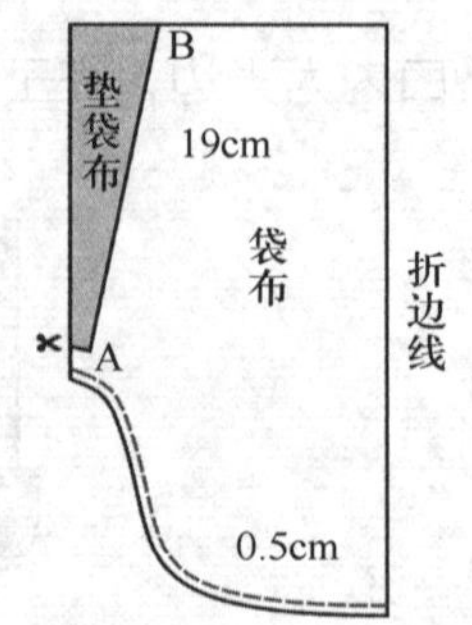

图 1-30　上袋布修剪示意图

引导问题

（6）口袋做好后，要将上袋布撩起，剪成如图 1-30 所示形状，且 *AB* 边长度必须为 19 cm，为什么要这样处理？

____

____

引导问题

（7）根据男西裤侧缝斜插袋制作工艺流程，结合观看视频和教师示范，在教师的指导下，独立完成男西裤侧缝斜插袋的车缝与整烫，并回答以下问题。

在前裤片袋口底端位置沿垂直方向剪开，请问剪开量是多少？扣烫袋口，夹住上袋布，正面缉线 0.6 cm，注意线要与袋口平行，两端打倒回针，并在腰头下口线和侧缝位置缉线固定，如图 1-31 所示，请问为什么要在腰头下口线和侧缝位置缉线？

____

____

引导问题

（8）将前后裤片缝合并分缝，将裤片与袋布摆放平服，按图 1-32 所示打套结，请问打套结时要注意什么？

____

____

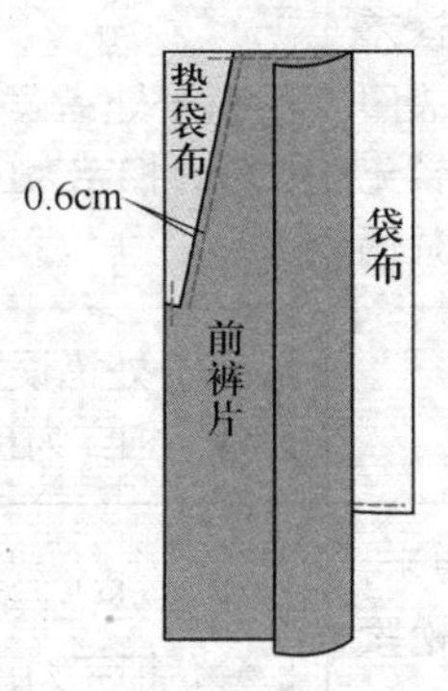

图 1-31　袋口缉线示意图

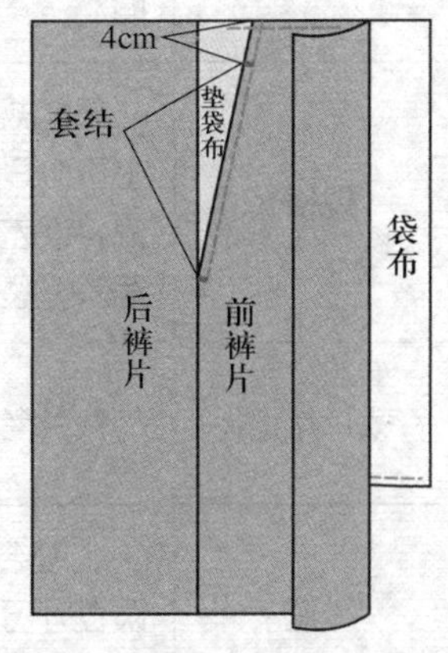

图 1-32　袋口打套结示意图

引导问题

（9）请同学们在教师的指导下，各自核对发放的材料种类（面料、里料、衬料、样板、辅料等）和数量，填写在表1-27中。

表1-27 材料种类与数量填写表

材料名称	前裤片	后裤片	垫袋布	袋布	袋口无纺衬
材料种类					
材料数量					

4. 学习检验

训练

（1）请同学们在教师的指导下，参照世界技能大赛评分标准，完成男西裤侧缝斜插袋成品的质量检验，独立填写表1-28，并将男西裤侧缝斜插袋修改、调整到位。

表1-28 男西裤侧缝斜插袋制作评分表（参照世界技能大赛评分标准）

序号	分值	评分项目	评分内容	评分标准	得分
1	15	男西裤侧缝斜插袋的完成度	按照工艺要求制作完成	完成得分，未完成不得分	
2	15	整洁度	外观干净整洁、无脏斑、无过度熨烫、无熨烫不足、无线头、无破损	有一处错误扣5分，扣完为止	
3	20	规格	尺寸规格达到要求，袋口宽误差小于0.3 cm，袋口缉线宽、上袋口偏斜误差小于0.1 cm，套结位置无误差，袋布宽、高误差小于0.3 cm	有一处错误扣5分，扣完为止	
4	10	裁片丝绺	裁片丝绺准确	有一处错误扣5分，扣完为止	
5	10	线迹	线迹密度：14 ~ 16针/3厘米，误差小于2针/3厘米，线迹松紧适度	有一处错误扣5分，扣完为止	

续表

序号	分值	评分项目	评分内容	评分标准	得分
6	20	外观	袋口平服，缉线平行方正，宽窄一致，套结牢固，口袋里外光洁	有一处错误扣5分，扣完为止	
7	10	工作区整洁	工作结束后，工作区要整理干净，物品摆放整齐，电源关闭	有一处错误扣5分，扣完为止	
合计得分					

引导问题

（2）请同学们以小组为单位，完成表 1-29 的填写。

表 1-29　　设备使用记录表

使用设备名称		是否正常使用	
		是	否，是如何处理的
裁剪设备			
缝制设备			
整烫设备			

引导、评价、更正与完善

在教师讲评引导的基础上，对本阶段的学习活动成果进行自我评分和小组评分（100 分制），之后独立用红笔对本阶段的引导问题的回答进行更正和完善。

项目	类别	分数	项目	类别	分数
个人自评分	关键能力		小组评分	关键能力	
	专业能力			专业能力	

（四）成果展示与评价反馈

1. 知识学习

男西裤侧缝斜插袋成品建议在干净的工作台上平面展示。

通过观察男西裤侧缝斜插袋外观是否干净整洁，袋口是否平服来判断其工艺质量是否达到要求；通过测量口袋的宽、高来判断其尺寸是否符合要求，最终进行整体评价。

worldskills international 世界技能大赛链接

图 1–33 所示是第 45 届世界技能大赛时装技术项目获得金牌的中国选手温彩云的参赛训练作品，选手在大衣右侧设计了斜插袋。

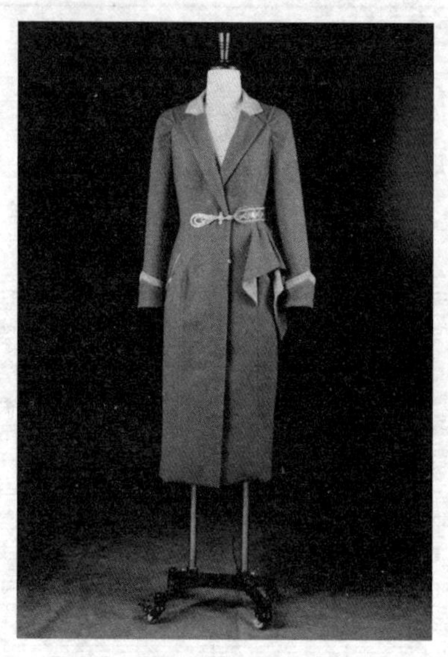

图 1–33　斜插袋大衣

2. 技能训练

实践

（1）将男西裤侧缝斜插袋成品平铺在干净的工作台上进行平面展示。

自我评价

（2）依据表 1–28，对平铺展示的男西裤侧缝斜插袋成品进行自我评价和小组评价。

3. 学习检验

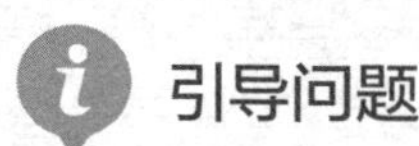

引导问题

（1）在教师的指导下，在小组内进行作品展示，然后经由小组讨论，推选出一组最佳作品，进行全班展示与评价，并由组长简要介绍推选的理由，小组其他成员补充并记录。

小组最佳作品制作人：________________

推选理由：____

____

____

其他小组评价意见：________________________________

____

教师评价意见：____________________________________

____

引导问题

（2）将本次学习活动出现的问题及其产生的原因和解决的办法填写在表 1-30 中。

表 1-30 问题分析表

出现的问题	产生的原因	解决的办法

自我评价

（3）将本次学习活动中自己最满意的地方和最不满意的地方各写一点，并简要说明原因，然后完成表 1-31 中相关内容的填写。

最满意的地方：____________________________________

最不满意的地方：__________________________________

表 1-31　　学习活动考核评价表

学习活动名称：男西裤侧缝斜插袋制作

班级：　　学号：　　姓名：　　指导教师：

<table>
<tr><th rowspan="3">评价项目</th><th rowspan="3">评价标准</th><th rowspan="3">评价依据</th><th colspan="3">评价方式</th><th rowspan="3">权重</th><th rowspan="3">得分小计</th><th rowspan="3">总分</th></tr>
<tr><th>自我评价</th><th>小组评价</th><th>教师（企业）评价</th></tr>
<tr><th>10%</th><th>20%</th><th>70%</th></tr>
<tr><td>关键能力</td><td>1. 能穿戴劳保服装，遵守安全生产操作规程
2. 能参与小组讨论，制订计划，相互交流与评价
3. 能积极主动、勤学好问
4. 能清晰、准确地与相关人员进行沟通
5. 能清扫场地和机台，归置物品，填写设备使用记录</td><td>1. 课堂表现
2. 工作页填写</td><td></td><td></td><td></td><td>40%</td><td></td><td rowspan="2"></td></tr>
<tr><td>专业能力</td><td>1. 能区分不同的口袋类型
2. 能叙述男西裤侧缝斜插袋制作所用的工具和设备的名称与功能
3. 能识读男西裤侧缝斜插袋生产工艺单，明确工艺要求，叙述其制作流程
4. 能在教师指导下，完成男西裤侧缝斜插袋制作的全过程
5. 能按照企业标准（或世界技能大赛评分标准）对男西裤侧缝斜插袋成品进行质量检验，并进行展示</td><td>1. 课堂表现
2. 工作页填写
3. 提交的作品</td><td></td><td></td><td></td><td>60%</td><td></td></tr>
<tr><td>指导教师综合评价</td><td colspan="8">

指导教师签名：　　　　　　　　日期：</td></tr>
</table>

三、学习拓展

说明：本阶段学习拓展建议课时为 2 ~ 4 课时，要求学生在课后独立完成。教师可根据本校的教学需要和学生的实际情况，选择部分或全部内容进行实践，也可另行选择相关拓展内容，亦可不实施本学习拓展，将其所省课时用于学习过程阶段实践内容的强化。

拓展

请同学们在教师指导下，通过小组讨论交流，完成图 1-34 所示男裤侧缝直插袋的制作。直插袋袋口宽 15 cm、袋口缉线宽 0.7 cm。

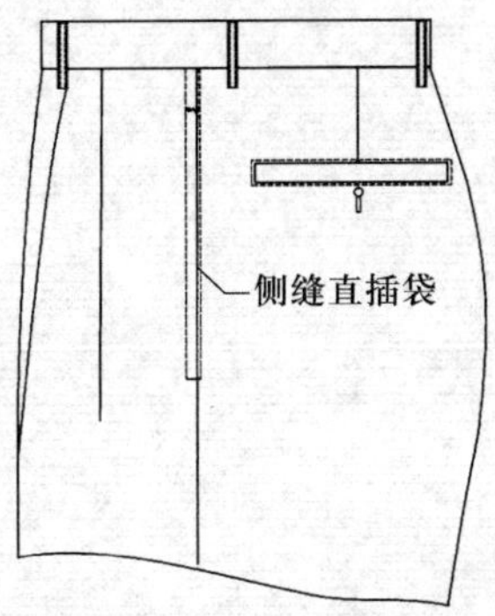

图 1-34　男裤侧缝直插袋

查询与收集

请同学们通过查阅相关学习材料或企业生产工艺单，选择 2 个关于缝内袋制作的生产工艺单，摘录其工艺要求和制作流程。

学习任务二

领子制作

学习目标

1. 能读懂领子制作生产工艺单，明确加工内容、数量及工期等要求。

2. 能仔细查看领子制作生产工艺单的内容，明确领子制作标准和工艺要求，按要求领取工具和材料。

3. 能根据领子结构特点、工艺要求和面料特性，合理选择、调试、使用加工设备，按照安全生产操作规程，实施安全操作。

4. 能根据任务要求，合理选择工艺制作方法，独立完成领子制作，做到组线顺直、缝份一致、点位对齐、丝绺平顺、熨烫到位。

5. 能使用专业术语与相关人员有效沟通，高效地解决制作过程中的技术问题。

6. 能按照领子质量检验标准（可参考世界技能大赛时装技术项目标准）对领子部件进行自检、修改，确保产品质量。

7. 能正确保养设备并认真填写“设备保养记录表”。

8. 在工作过程中，能遵守“8S”管理规定，逐渐养成认真负责、规范有序、严谨细致的良好职业素养。

建议课时

12 学时。

学习任务描述

在生产车间，班组长安排某作业人员在流水线上负责服装领子制作，该作业人员在车缝机位上，依据生产工艺单的具体要求，领取领子裁片，独立完成领子裁片核对，标记、定位，车缝，整烫和质量检验等工序，并将完成的工件交由下一道工序的作业人员。

学习活动

1. 女衬衫领制作。

2. 男衬衫领制作。

3. 男西服平驳领制作。

学习活动 1
女衬衫领制作

学习目标

1. 能严格遵守工作制度，服从工作安排，按要求准备好女衬衫领制作所需的工具、设备、材料与各项技术文件。

2. 能正确识读女衬衫领制作的各项技术文件，明确女衬衫领制作的流程、方法和注意事项。

3. 能查阅相关技术资料，制订女衬衫领的制作计划，并在教师的指导下，通过小组讨论作出决策。

4. 能依据技术文件要求，结合女衬衫领制作规范，独立完成女衬衫领的制作、检查与复核工作。

5. 能按照企业标准（或世界技能大赛评分标准）对女衬衫领成品进行质量检验，并依据检验结果，将女衬衫领修改、调整到位。

6. 能记录女衬衫领制作过程中的疑难点，通过小组讨论、合作探究，或在教师的指导下，提出较为合理的解决办法。

7. 能展示、评价女衬衫领制作各阶段成果，并根据评价结果，作出相应反馈。

一、学习准备

1. 服装制作学习工作室、缝制设备、整烫设备。

2. 劳保服装、安全生产操作规程、生产工艺单（见表 2–1）、服装缝制工艺相关学习材料。

3. 分成学习小组（以英文大写字母命名，每组 5 ~ 6 人），分组信息填写在表 2–2 中。

表 2-1　　女衬衫领生产工艺单

<table>
<tr><td>部件名称</td><td colspan="2">女衬衫领</td></tr>
<tr><td>款式图与款式说明</td><td>款式图</td><td>款式说明：
1. 大尖领，领下口长 33.5 cm，领嘴长 10.5 cm，底领高 7 cm
2. 装领距前止口 1.7 cm，领下口缉线宽 0.1 cm</td></tr>
<tr><td>工艺要求</td><td colspan="2">1. 缝制采用 11 号机针，线迹密度为 16 ~ 18 针 /3 厘米，误差小于 2 针 /3 厘米，线迹松紧适度，且中间无跳线、断线、接线
2. 尺寸规格达到要求，领下口长误差小于 0.5 cm，领嘴长和底领高误差小于 0.2 cm，装领距前止口和领下口缉线宽误差为 0 cm
3. 领角要翻尖、翻实、左右对称、无歪斜、无吃皱、无反吐、无毛漏，且要有里外匀
4. 领子里外光洁，线头清理干净
5. 熨烫平服，无烫黄、变色，无水渍、污渍，无破损
6. 作品整洁、美观</td></tr>
<tr><td>制作流程</td><td colspan="2">核对裁片→领面烫衬→标记、定位→做领子、小烫→装领子→整烫、整理→质量检验</td></tr>
<tr><td>备注</td><td colspan="2"></td></tr>
</table>

表 2-2　　小组编号表

组号	组内成员及编号	组长姓名	组长编号	本人姓名	本人编号

讨论

在进行车缝作业时，剪刀、镊子和划粉等工具应放在操作者左手的机台上，还是右手的机台上？

____

____

二、学习过程

（一）明确工作任务、获取相关信息

1. 知识学习

小贴士

按照是否有领子，服装可以分为无领和有领两大类。其中无领服装可分为圆领服装、方领服装、V 形领服装和一字领服装等；有领服装可分为立领服装、翻领服装、平领服装和驳领服装四大类。

立领是指领片竖立于领圈之上的领型，具有端庄、严谨、含蓄、内敛的风格特点，在传统中式服装中被广泛采用，中华立领、旗袍领等都属于立领。

翻领是指领面向外翻摊的领型，具有简约、干练、朴素、大方的风格特点，T 恤衫、普通衬衫和茄克衫等常采用翻领。

平领是指底领较低，领子向外平摊，披覆于人体前肩、后背的领型，具有简洁、大方、灵活、多变的风格特点，在女装和童装当中被大量采用，铜盆领、海军领、披肩领等都属于平领。

驳领是指领子与驳头连在一起，共同向外翻摊的领型，具有端庄、典雅、干练、稳重的风格特点，在西装和外套中被广泛采用。

引导问题

请同学们在表 2-3 所示领子图片的下方填写其领子的类型。

表 2-3 领子类型识别表

领子图片		
领子类型		

续表

领子图片		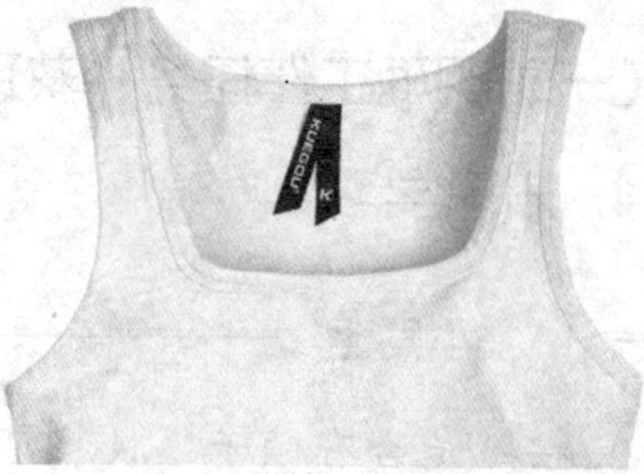
领子类型		
领子图片		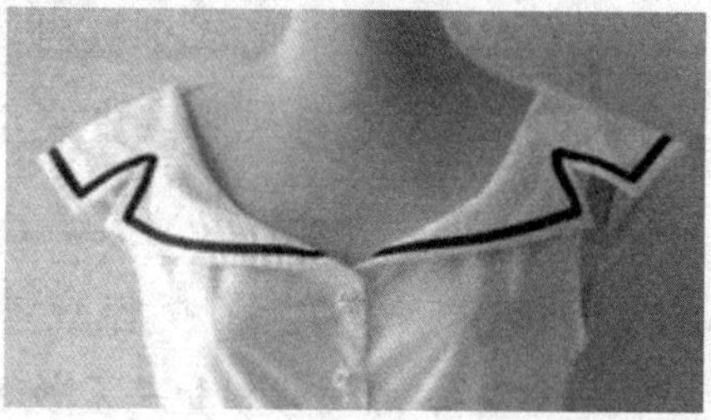
领子类型		
领子图片		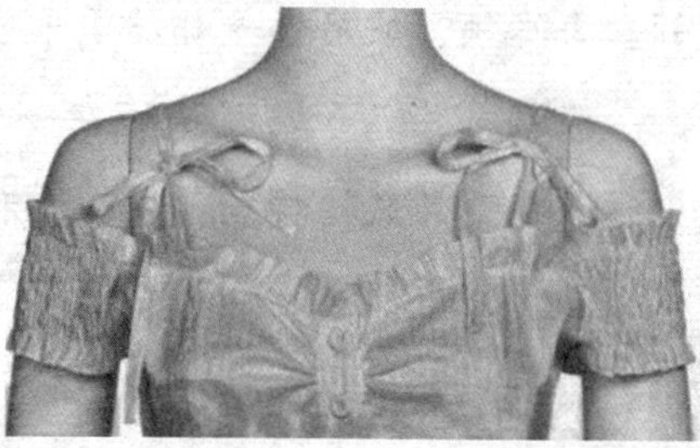
领子类型		

引导、评价、更正与完善

在教师讲评引导的基础上，对本阶段的学习活动成果进行自我评分和小组评分（100 分制），之后独立用红笔对本阶段的引导问题的回答进行更正和完善。

项目	类别	分数	项目	类别	分数
个人自评分	关键能力		小组评分	关键能力	
	专业能力			专业能力	

世界技能大赛链接

图 2–1 所示是第 46 届世界技能大赛时装技术项目江苏选拔赛获得第一名的选手的作品。该作品领子采用了立领、翻立领、驳领等式样，富于变化。

图 2–1　领子式样多变的风衣

2. 学习检验

引导问题

（1）在教师的引导下，独立完成表 2–4 的填写。

表 2–4　学习任务与学习活动简要归纳表

本次学习任务的名称	
本次学习任务的主要目标	
本次学习任务的活动内容	
本次学习活动的名称	
本次学习活动的主要目标	
你认为本次学习活动中，哪些目标的实现难度较大	

讨论

（2）请同学们仔细观察自己身上穿的衣服的领子，写出其领子类型，并分析小组其他成员的衣服领子类型。

引导、评价、更正与完善

在教师讲评引导的基础上，对本阶段的学习活动成果进行自我评分和小组评分（100 分制），之后独立用红笔对本阶段的引导问题的回答进行更正和完善。

项目	类别	分数	项目	类别	分数
个人自评分	关键能力		小组评分	关键能力	
	专业能力			专业能力	

（二）制订女衬衫领制作计划并决策

1. 知识学习

学习制订计划的基本方法、内容和注意事项。

计划制订参考意见：整个工作的内容和目标是什么？整个工作分几步实施？工作过程中要注意什么？小组成员之间该如何配合？出现问题该如何处理？

2. 学习检验

引导问题

（1）请简要写出你们的小组工作计划。

引导问题

（2）你在制订计划的过程中承担了什么工作，有什么体会？

引导问题

（3）教师对于小组的计划给出了什么修改建议，为什么？

______

______

______

引导问题

（4）你认为计划中哪些地方比较难实施，为什么？你有什么想法？

______

______

______

引导问题

（5）小组最终作出了什么决定？是如何作出的？

______

______

引导、评价、更正与完善

在教师讲评引导的基础上，对本阶段的学习活动成果进行自我评分和小组评分（100 分制），之后独立用红笔对本阶段的引导问题的回答进行更正和完善。

项目	类别	分数	项目	类别	分数
个人自评分	关键能力		小组评分	关键能力	
	专业能力			专业能力	

（三）女衬衫领制作与检验

1. 知识学习

请同学们认真阅读女衬衫领生产工艺单，然后回答以下引导问题。

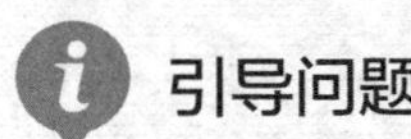

（1）简述女衬衫领制作的工艺要求。

 引导问题

（2）简述女衬衫领的制作流程。

世界技能大赛链接

在第 46 届世界技能大赛时装技术项目江苏选拔赛中，就有对领子制作的考评内容，具体见表 2–5。

表 2–5　　领子制作考核评分表

模块 D			女风衣设计制作	人台评分	
序号	分值		考评内容	评分标准	得分
M4	3		领子	每处错误扣 0.5 分	
		1.5	领子制作：外口平顺，不反吐，不反翘，左右形状及角度对称		
		1.5	绱领自然服帖，无不良吃纵，左右居中，两侧对称		

2. 操作演示

请扫描二维码，观看女衬衫领制作视频。

3. 技能训练

 引导问题

（1）烫领衬之前，为什么要先将衬布抖一抖，再将其覆在领子的反面？

引导问题

（2）图 2-2 所示为领片领下口线上的对位点。在缝制时，按照从左到右的顺序，其应分别与衣片的哪些点对位？将其填写在表 2-6 对应的空格中。

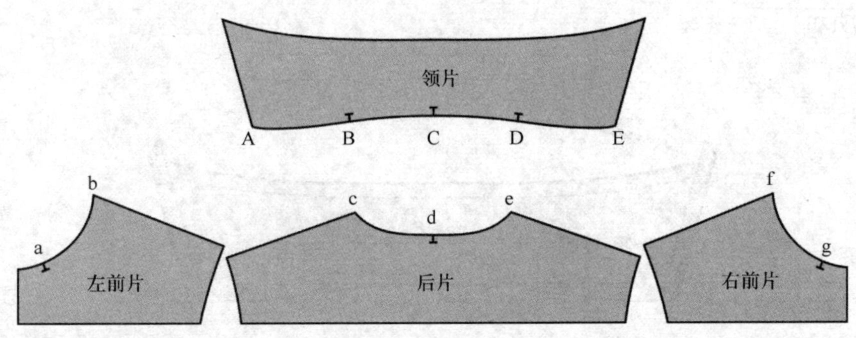

图 2-2 装领前的领片和对应衣片

表 2-6 对位点填写表

领下口线对位点	A	B	C	D	E
对应衣片对位点					

引导问题

（3）请同学们根据女衬衫领制作工艺流程，结合观看视频和教师示范，在教师的指导下，完成女衬衫领的车缝与整烫，并独立回答以下问题。

①在车缝领片时，既可以将领子定位板放在领片上，沿轮廓线画出净线，然后沿净线车缝，也可以一直将定位板按在领片上，沿定位板的轮廓线车缝，如图 2-3 所示。请问哪种方法更好，为什么？

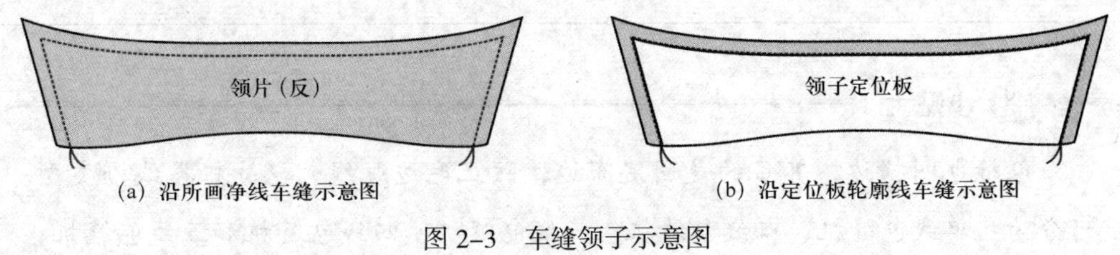

(a) 沿所画净线车缝示意图　(b) 沿定位板轮廓线车缝示意图

图 2-3 车缝领子示意图

②领片净线缉缝完成后，要用熨斗将缝份向领面方向扣倒，同时保证沿折线边缘能看到缝纫线迹，领嘴折线要烫直；缝份烫折好了以后，再用剪刀将其修剪掉 0.4 cm，保留 0.3 cm 的缝份；用左手食指在里面抵住领角，拇指和食指捏住领角部位（或辅以镊子捏住扣烫好的领角），将领子翻到正面，用熨斗在领里略做熨烫即可，如图 2-4 所示。

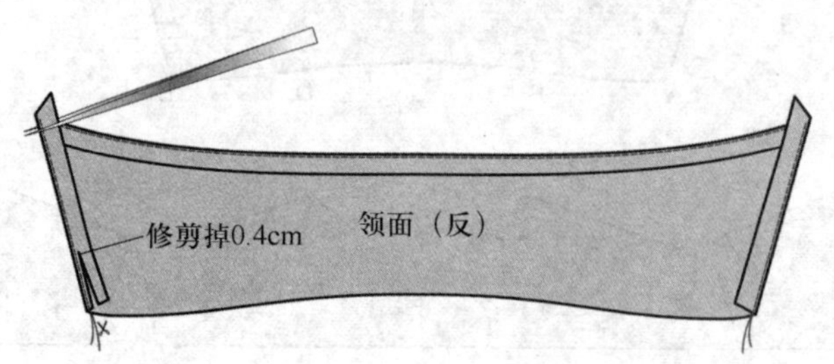

图 2-4　领子缝份扣烫与修剪示意图

请问：为什么要将缝份向领面方向扣倒，同时保证沿折线边沿能看到缝纫线迹，领嘴折线要烫直？缝份烫折好了以后，为什么要修剪掉 0.4 cm？为什么要用左手拇指与食指捏住扣烫好的领角翻折？为什么要在领里略作熨烫？

____

____

引导问题

（4）对于女衬衫来讲，肩缝拼合后，直接包缝即可。但有些服装，尤其是针织服装，在包缝时，会在缝份里夹入一条直丝牵条，请问这样做的目的是什么？

____

____

小贴士

包缝也叫拷边，其目的是固定布边，防止毛边脱线。包缝机按线迹类型可分为：单线包缝机、双线包缝机、三线包缝机、四线包缝机和五线包缝机。一般服装企业使用较多的是三线包缝机和四线包缝机，其中三线包缝机主要用于梭织面料的包缝，四线包缝机主要用于针织面料的包缝。图 2-5 所示为飞马四线包缝机。

图 2–5　飞马四线包缝机

引导问题

（5）装领流程如图 2-6 所示，请问在缉至离挂面里口线 1 cm 处时，上下四层面料为什么要一起剪刀口，刀口剪到什么位置，对剪刀有什么要求？这四层面料是指哪四层？剪开后需撩起上面几层继续车缝？车缝的时候需要注意什么？

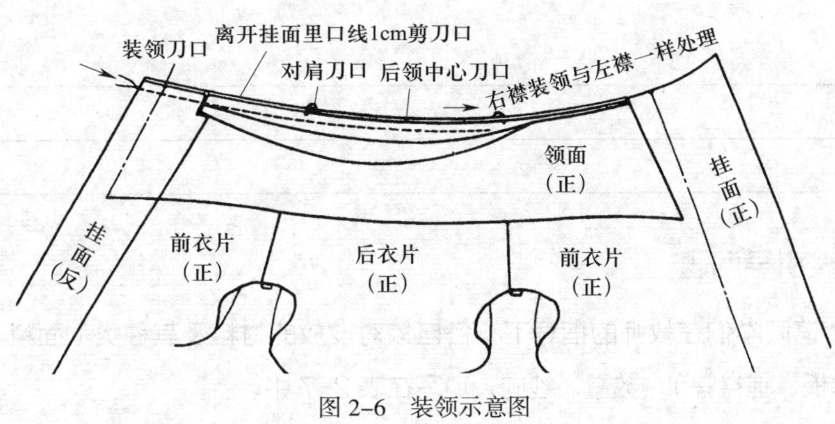

图 2–6　装领示意图

____

____

引导问题

（6）压缉领下口如图 2-7 所示，请问在压缉领下口时需要注意什么？

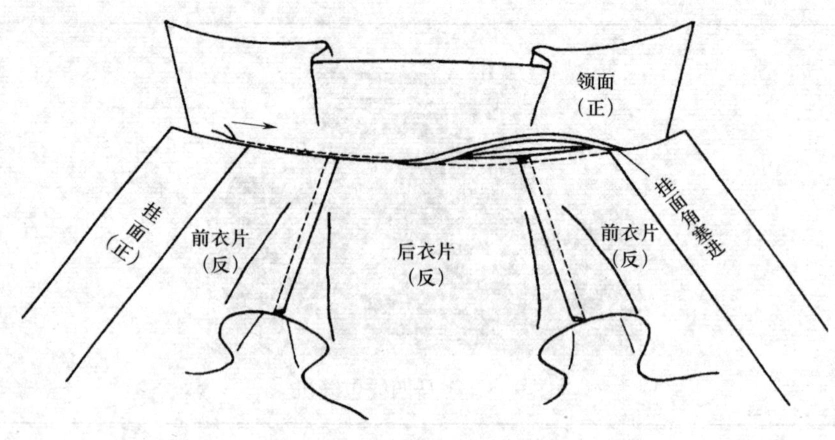

图 2-7　压缉领下口示意图

引导问题

（7）在最后整烫领子的时候，为什么要在布馒头上进行，而不能在水平的烫板上进行？

引导问题

（8）请同学们在教师的指导下，各自核对发放的材料及其种类（面料、里料、衬料、样板、辅料等）、数量、纱向，填写在表 2-7 中。

表 2-7　材料明细表

材料名称	材料种类	材料数量	材料纱向

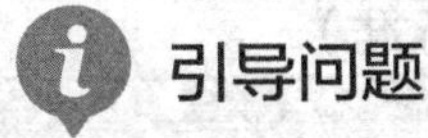

引导问题

（9）图 2-6 所示的装领方法是针对右手操作的人，如果是左撇子，该怎么办？

____

____

____

引导问题

（10）女衬衫领也可以按照图 2-8 所示的方法安装，请问该方法与图 2-6、图 2-7 所示的装领方法有什么不同？

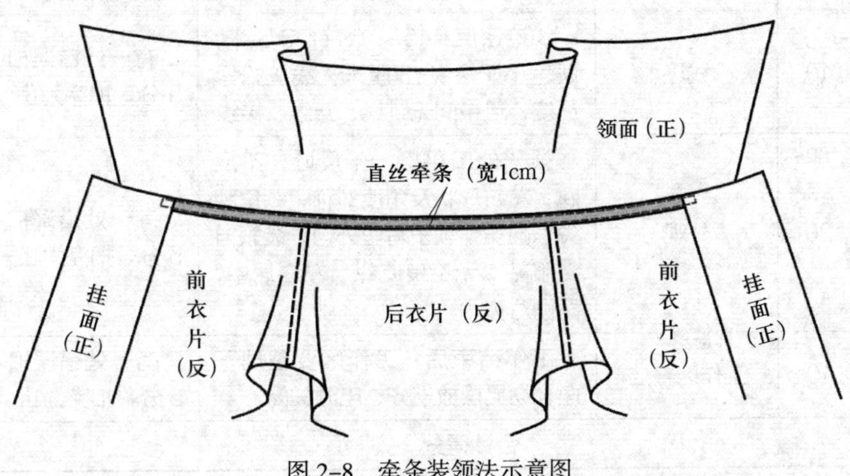

图 2-8　牵条装领法示意图

____

____

____

4. 学习检验

训练

（1）请同学们在教师的指导下，参照世界技能大赛评分标准，完成女衬衫领成品的质量检验，独立填写表 2-8，并将女衬衫领修改、调整到位。

表 2–8　　女衬衫领制作评分表（参照世界技能大赛评分标准）

序号	分值	评分项目	评分内容	评分标准	得分
1	15	女衬衫领的完成度	按照工艺要求制作完成	完成得分，未完成不得分	
2	15	整洁度	外观干净整洁、无脏斑、无过度熨烫、无熨烫不足、无线头、无破损	有一处错误扣5分，扣完为止	
3	20	规格	尺寸规格达到要求，领下口长33.5 cm，误差小于0.5 cm；领嘴长10.5 cm，误差小于0.2 cm；底领高7 cm，误差小于0.2 cm；装领距前止口1.7 cm，误差为0 cm；领下口缉线宽0.1 cm，误差为0 cm	有一处错误扣5分，扣完为止	
4	10	裁片丝绺	裁片丝绺准确，有条格的面料需对条、对格	有一处错误扣5分，扣完为止	
5	10	线迹	线迹密度：16 ~ 18 针 /3 厘米，误差小于2针 /3 厘米，线迹松紧适度，且中间无跳线、断线、接线	有一处错误扣5分，扣完为止	
6	20	外观	领子外口平顺，不反吐，不反翘，左右形状及角度对称，领角翻尖、翻实，领子有里外匀；装领自然服帖，无不良吃纵，左右居中，两侧对称	有一处错误扣5分，扣完为止	
7	10	工作区整洁	工作结束后，工作区要整理干净，物品摆放整齐，电源关闭	有一处错误扣5分，扣完为止	
合计得分					

引导问题

（2）请同学们以小组为单位，完成表 2–9 的填写。

表 2–9　　设备使用记录表

使用设备名称		是否正常使用	
		是	否，是如何处理的
裁剪设备			
缝制设备			
整烫设备			

引导、评价、更正与完善

在教师讲评引导的基础上，对本阶段的学习活动成果进行自我评分和小组评分（100 分制），之后独立用红笔对本阶段的引导问题的回答进行更正和完善。

项目	类别	分数	项目	类别	分数
个人自评分	关键能力		小组评分	关键能力	
	专业能力			专业能力	

（四）成果展示与评价反馈

1. 知识学习

女衬衫领成品建议在干净的工作台上平面展示，也可以穿在人台上进行立体展示。

通过观察女衬衫领外观是否干净整洁、有里外匀来判断其工艺质量是否达到要求；通过测量女衬衫领的领下口长、领嘴长等来判断其尺寸是否符合要求；同时，还要比对领子是否左右对称，最终进行整体评价。

世界技能大赛链接

图 2–9 所示是第 43 届世界技能大赛时装技术项目获得江苏选拔赛第一名的选手的参赛作品。

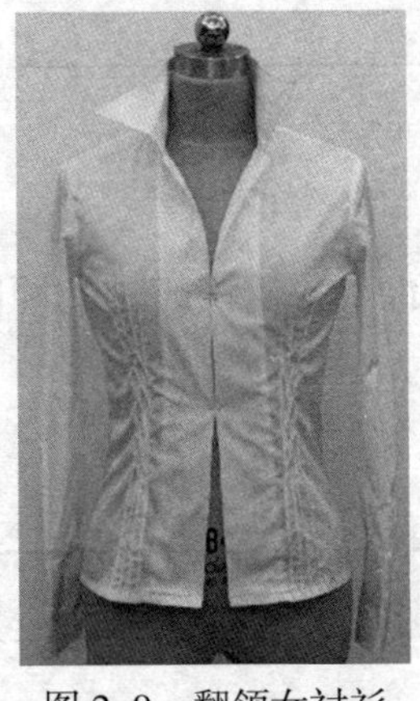

图 2–9　翻领女衬衫

2. 技能训练

实践

（1）将女衬衫领成品平铺在干净的工作台上进行平面展示，或将女衬衫领穿在人台上进行立体展示。

自我评价

（2）依据表 2-8，对平面展示和立体展示的女衬衫领成品进行自我评价和小组评价。

3. 学习检验

引导问题

（1）在教师的指导下，在小组内进行作品展示，然后经由小组讨论，推选出一组最佳作品，进行全班展示与评价，并由组长简要介绍推选的理由，小组其他成员补充并记录。

小组最佳作品制作人：____________

推选理由：________________________________

____

____

其他小组评价意见：________________________________

____

教师评价意见：________________________________

____

引导问题

（2）将本次学习活动出现的问题及其产生的原因和解决的办法填写在表 2-10 中。

表 2-10　　问题分析表

出现的问题	产生的原因	解决的办法

自我评价

（3）将本次学习活动中自己最满意的地方和最不满意的地方各写一点，并简要说明原因，然后完成表 2-11 中相关内容的填写。

最满意的地方：________________________________

最不满意的地方：________________________________

表 2-11　　学习活动考核评价表

学习活动名称：女衬衫领制作

班级：　　学号：　　姓名：　　指导教师：

<table>
<tr><th rowspan="3">评价项目</th><th rowspan="3">评价标准</th><th rowspan="3">评价依据</th><th colspan="3">评价方式</th><th rowspan="3">权重</th><th rowspan="3">得分小计</th><th rowspan="3">总分</th></tr>
<tr><th>自我评价</th><th>小组评价</th><th>教师（企业）评价</th></tr>
<tr><th>10%</th><th>20%</th><th>70%</th></tr>
<tr><td>关键能力</td><td>1. 能穿戴劳保服装，遵守安全生产操作规程
2. 能参与小组讨论，制订计划，相互交流与评价
3. 能积极主动、勤学好问
4. 能清晰、准确地与相关人员进行沟通
5. 能清扫场地和机台，归置物品，填写设备使用记录</td><td>1. 课堂表现
2. 工作页填写</td><td></td><td></td><td></td><td>40%</td><td></td><td rowspan="2"></td></tr>
<tr><td>专业能力</td><td>1. 能区分领子的类型
2. 能叙述女衬衫领子制作所用工具和设备的名称与功能
3. 能识读女衬衫领生产工艺单，明确工艺要求，叙述其制作流程
4. 能在教师指导下，完成女衬衫领制作的全过程
5. 能按照企业标准（或世界技能大赛评分标准）对女衬衫领成品进行质量检验，并进行展示</td><td>1. 课堂表现
2. 工作页填写
3. 提交的作品</td><td></td><td></td><td></td><td>60%</td><td></td></tr>
<tr><td>指导教师综合评价</td><td colspan="8">

指导教师签名：　　　　　　　　日期：</td></tr>
</table>

三、学习拓展

说明：本阶段学习拓展建议课时为 2 ~ 4 课时，要求学生在课后独立完成。教师可根据本校的教学需要和学生的实际情况，选择部分或全部内容进行实践，也可另行选择相关拓展内容，亦可不实施本学习拓展，将其所省课时用于学习过程阶段实践内容的强化。

拓展 1

请同学们在教师指导下，通过小组讨论交流，完成图 2-10 所示后短开门圆领的制作。该圆领领条宽 1 cm、长 42 cm。

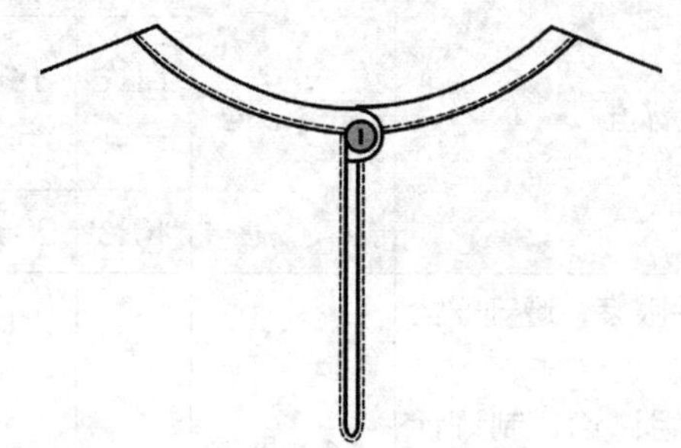

图 2-10　后短开门圆领

拓展 2

请同学们在教师指导下，通过小组讨论交流，完成图 2-11 所示中式立领的制作。该中式立领底领高 6 cm，领围 36 cm，滚边宽 0.5 cm。

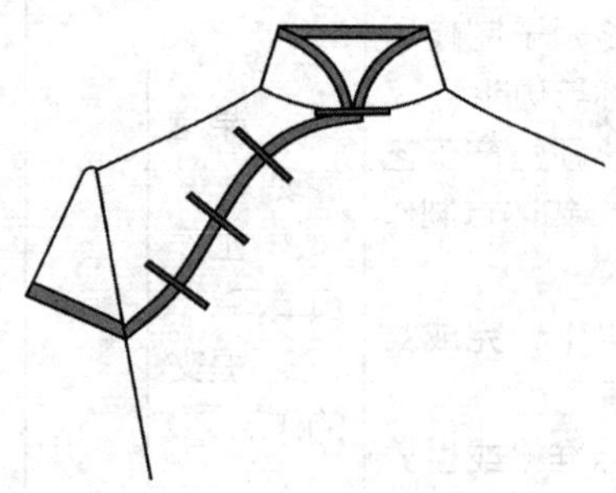

图 2-11　中式立领

查询与收集

请同学们通过查阅相关学习材料或企业生产工艺单，选择 2 个关于女衬衫领制作的生产工艺单，摘录其工艺要求和制作流程。

学习活动 2 男衬衫领制作

学习目标

1. 能严格遵守工作制度，服从工作安排，按要求准备好男衬衫领制作所需的工具、设备、材料与各项技术文件。

2. 能正确识读男衬衫领制作的各项技术文件，明确男衬衫领制作的流程、方法和注意事项。

3. 能查阅相关技术资料，制订男衬衫领的制作计划，并在教师的指导下，通过小组讨论作出决策。

4. 能依据技术文件要求，结合男衬衫领制作规范，独立完成男衬衫领的制作、检查与复核工作。

5. 能按照企业标准（或世界技能大赛评分标准）对男衬衫领成品进行质量检验，并依据检验结果将男衬衫领修改、调整到位。

6. 能记录男衬衫领制作过程中的疑难点，通过小组讨论、合作探究，或在教师的指导下，提出较为合理的解决办法。

7. 能展示、评价男衬衫领制作各阶段成果，并根据评价结果作出相应反馈。

一、学习准备

1. 服装制作学习工作室、缝制设备、整烫设备。

2. 劳保服装、安全生产操作规程、生产工艺单（见表 2-12）、服装缝制工艺相关学习材料。

3. 分成学习小组（以英文大写字母命名，每组 5 ~ 6 人），分组信息填写在表 2-13 中。

表 2-12　　　　男衬衫领生产工艺单

部件名称	男衬衫领	
款式图与款式说明	款式图	款式说明： 1. 领围 39 cm，后领宽 4.5 cm，底领高 3.5 cm，领嘴长 7.8 cm，前底领圆头部位宽 3 cm 2. 领外口缉线宽 0.5 cm，底领一周缉线宽 0.1 cm，其中领下口位置缉 0.1 cm、0.7 cm 双线 3. 底领门襟侧横锁平头扣眼，扣眼长 1.5 cm，里襟侧钉纽扣，纽扣直径 1 cm
工艺要求	1. 缝制采用 11 号机针，线迹密度为 16 ~ 18 针 /3 厘米，误差小于 2 针 /3 厘米，线迹松紧适度，且中间无跳线、断线，领面无接线，底领只允许在起针和止针位置有接线 2. 尺寸规格达到要求，领围误差小于 0.5 cm，领嘴长、后领宽、底领高和前底领圆头部位宽误差小于 0.2 cm，领外口和底领缉线宽误差为 0 cm 3. 领角要翻尖、翻实，前底领圆头要圆顺饱满，左右对称、无歪斜、无反吐、无吃皱、无毛漏，且要有里外匀 4. 扣眼平正，纽扣钉牢固 5. 领子里外光洁，线头清理干净 6. 熨烫平服，无烫黄、变色，无水渍、污渍，无破损 7. 作品整洁、美观	
制作流程	核对裁片→底领、翻领贴衬→标记、定位→合衣片→做翻领→装拼翻领和底领→装领子→整烫、整理→质量检验	
备注		

表 2-13　　　　小组编号表

组号	组内成员及编号	组长姓名	组长编号	本人姓名	本人编号

讨论

（1）熨斗使用时间长了，其熨板上会沾染很多污垢，可通过什么方式将其清除？

讨论

（2）当缝纫机的缝速很快，而缝线的质量又不是很好的时候，缝线经常会断，可通过什么方法来缓解这一问题？

二、学习过程

（一）明确工作任务、获取相关信息

1. 知识学习

小贴士

男衬衫是男装经典式样，一年四季皆可穿着，具有简洁、朴素、端庄、稳重的风格特点。男衬衫的领子主要有三种形式：企领、立领、翼领，其中企领常用于普通衬衫，立领常用于一些有个性风格的衬衫，翼领则多用于礼服衬衫。

引导问题

（1）请同学们在表 2-14 所示图片的下方填写其所属男衬衫领的类型。

表 2-14　男衬衫领类型识别表

领子图片	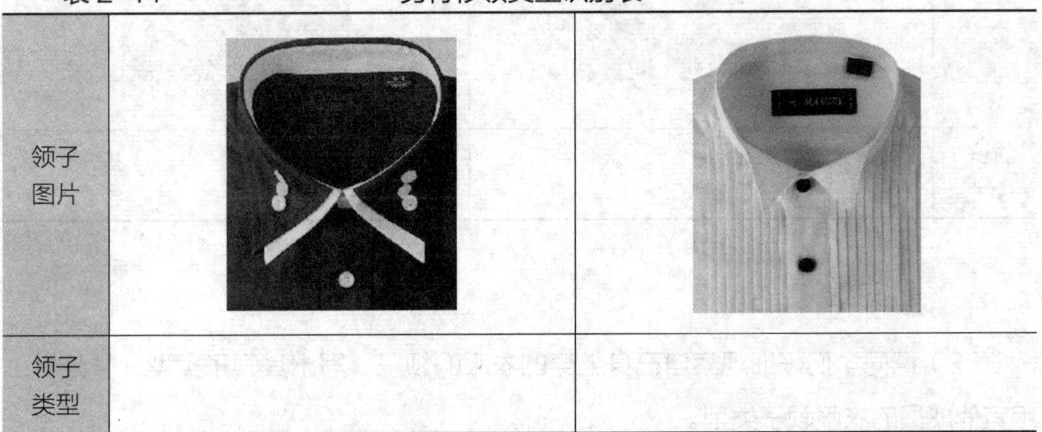	
领子类型		

续表

领子图片	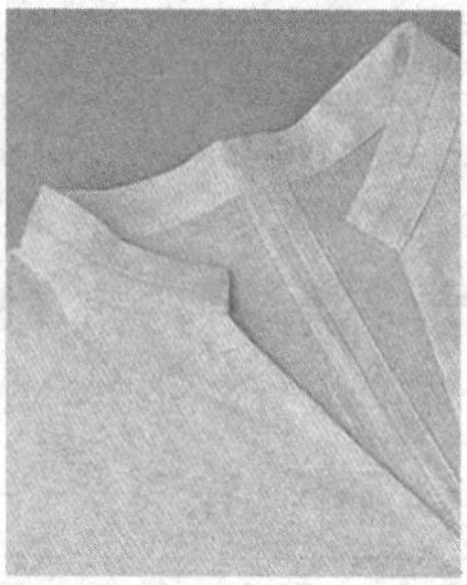	
领子类型		
领子图片		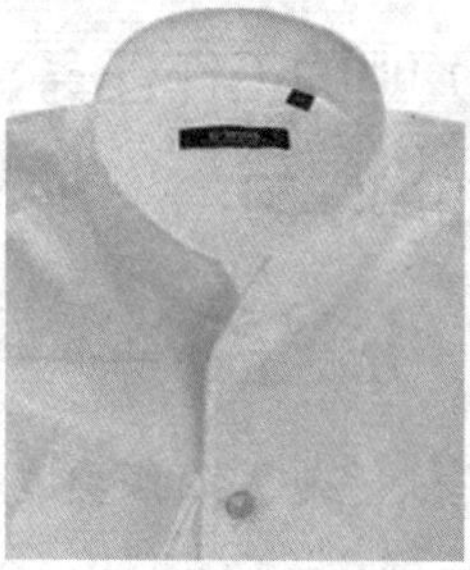
领子类型		
领子图片		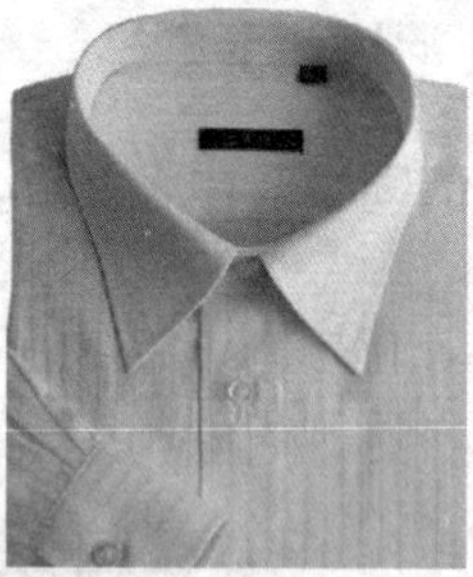
领子类型		

 讨论

（2）请同学们仔细观察自己身上穿的衣服的领子，写出其领子类型，并分析小组其他成员的衣服领子类型。

引导、评价、更正与完善

在教师讲评引导的基础上，对本阶段的学习活动成果进行自我评分和小组评分（100 分制），之后独立用红笔对本阶段的引导问题的回答进行更正和完善。

项目	类别	分数	项目	类别	分数
个人自评分	关键能力		小组评分	关键能力	
	专业能力			专业能力	

2. 学习检验

引导问题

在教师的引导下，独立完成表 2-15 的填写。

表 2-15　　学习任务与学习活动简要归纳表

本次学习任务的名称	
本次学习活动的名称	
本次学习活动的主要目标	
你认为本次学习活动中，哪些目标的实现难度较大	

引导、评价、更正与完善

在教师讲评引导的基础上，对本阶段的学习活动成果进行自我评分和小组评分（100 分制），之后独立用红笔对本阶段的引导问题的回答进行更正和完善。

项目	类别	分数	项目	类别	分数
个人自评分	关键能力		小组评分	关键能力	
	专业能力			专业能力	

（二）制订男衬衫领制作计划并决策

1. 知识学习

学习制订计划的基本方法、内容和注意事项。

计划制订参考意见：整个工作的内容和目标是什么？整个工作分几步实施？工作过程中要注意什么？小组成员之间该如何配合？出现问题该如何处理？

2. 学习检验

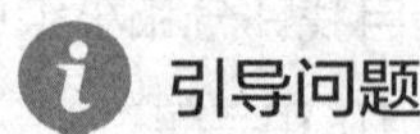

引导问题

（1）请简要写出你们的小组工作计划。

____

____

引导问题

（2）你在制订计划的过程中承担了什么工作，有什么体会？

____

____

引导问题

（3）教师对于小组的计划给出了什么修改建议，为什么？

____

____

引导问题

（4）你认为计划中哪些地方比较难实施，为什么？你有什么想法？

____

____

引导问题

（5）小组最终作出了什么决定？是如何作出的？

____

____

____

引导、评价、更正与完善

在教师讲评引导的基础上，对本阶段的学习活动成果进行自我评分和小组评分（100 分制），之后独立用红笔对本阶段的引导问题的回答进行更正和完善。

项目	类别	分数	项目	类别	分数
个人自评分	关键能力		小组评分	关键能力	
	专业能力			专业能力	

（三）男衬衫领制作与检验

1. 知识学习

请同学们认真阅读男衬衫领生产工艺单，然后回答以下引导问题。

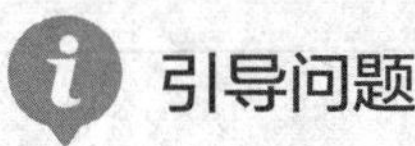

引导问题

（1）简述男衬衫领制作的工艺要求。

____

____

引导问题

（2）简述男衬衫领的制作流程。

____

____

2. 操作演示

请扫描二维码，观看男衬衫领制作视频。

3. 技能训练

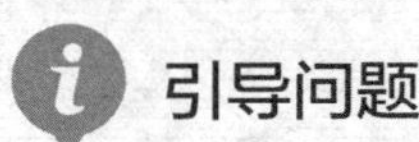

引导问题

（1）图 2-12 所示为男衬衫领的贴衬示意图。其中翻领领面先贴树脂衬，再贴薄膜，插片在领面缉线的时候固定。如果树脂衬较薄，薄膜也可以用树脂衬替代。底领领面贴一层树脂衬，贴衬之前，衬一定要严格按照尺寸来剪；贴衬时，衬与净线之间的距离一定要控制好，这是领子制作成败的关键。

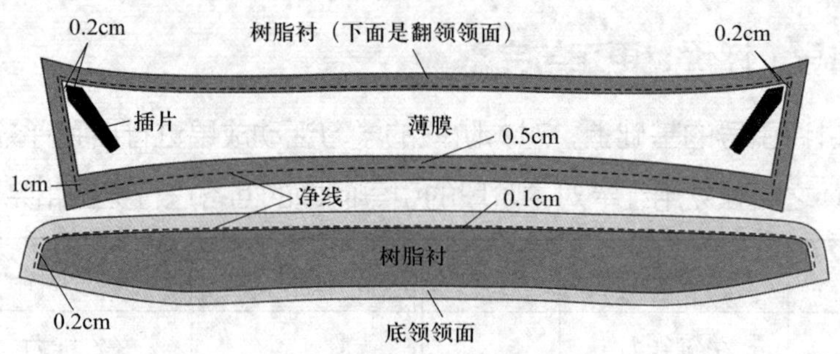

图 2-12　男衬衫领的贴衬示意图

请同学们仔细观察教师的示范，并通过小组讨论，回答以下问题。

①为什么翻领薄膜边缘与车缝净线之间要留出 0.2 cm？为什么底领树脂衬边缘与车缝净线之间在圆头部位留出 0.2 cm，与翻领装接部位留出 0.1 cm？

____

____

____

②为什么翻领薄膜边缘在领下口后中位置与车缝净线之间要留出 0.5 cm，在前领嘴位置留出 1 cm？

____

____

____

引导问题

（2）如图 2-13 所示，底领领下口线上的对位点在缝制时，按照从左到右的顺序，应分别与翻领和衣片的哪些点对位？将其填写在表 2-16 对应的空格中。

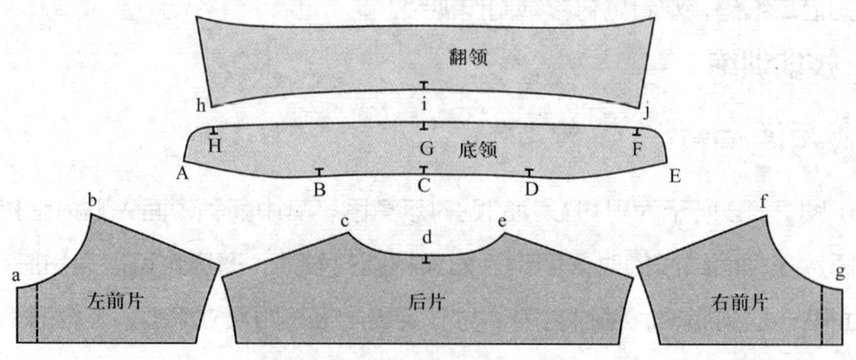

图 2-13　翻领、底领与衣片示意图

表 2-16　　　　对位点填写表

领下口线对位点	A	B	C	D	E	F	G	H
对应翻领和衣片对位点								

引导问题

（3）请同学们在教师的示范指导下，结合观看视频，完成男衬衫领的车缝与整烫，并独立回答以下问题。

①图 2-14 所示的底领缉线宽度是多少？线的两端要不要打倒回针，为什么？

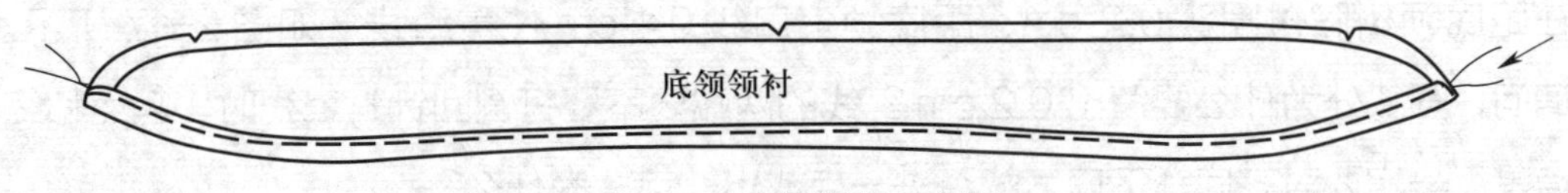

图 2-14　底领缉线示意图

②为什么图 2-15 所示的翻领缉线距薄膜边缘一定要留出约 0.2 cm，缉线时是领面略带紧，还是领里略带紧，为什么？

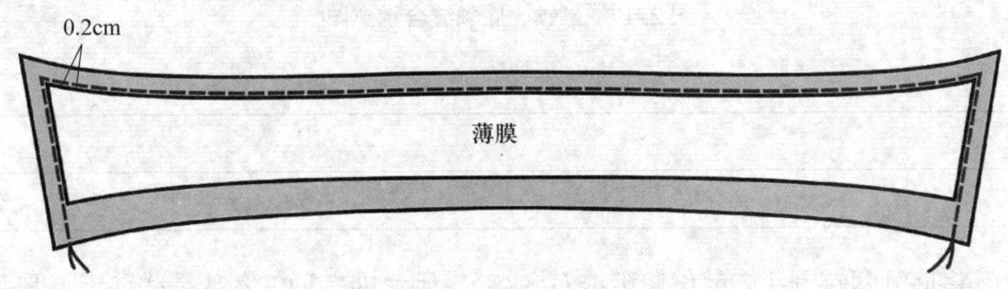

图 2-15　翻领缉线示意图

③翻领缉线完成，将其翻正，小烫，在正面缉止口，缉线时注意略带紧领里，将插片固定在左右领角，如图 2-16 所示。请问，正面止口缉线多宽？缉线时两端要不要打倒回针？领角处放入插片起何作用？

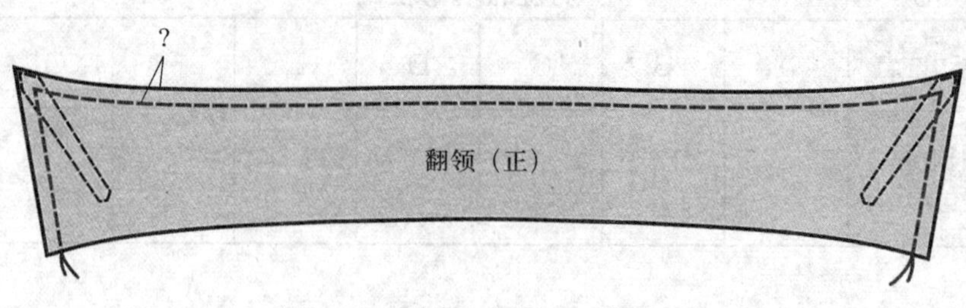

图 2–16　翻领正面缉止口示意图

④翻领做好后，将底领面、里正面相叠，中间夹入翻领，三层刀口分别对准，在距底领树脂衬圆头 0.2 cm、距底领上口线 0.1 cm 位置缉线，如图 2–17 所示。请问，圆头处为什么要留出 0.2 cm？线的两端要不要打倒回针？缉线时，起点和终点是否一定要对齐底领下口，能否进一点或出一点，为什么？

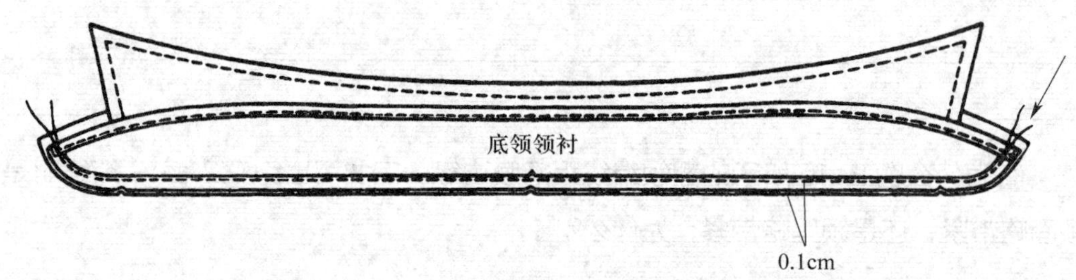

图 2–17　翻领、底领缝合示意图

⑤将底领两端圆头内缝份修剪成 0.3 cm，用大拇指顶住圆头缉线翻出，圆头要圆顺，止口不反吐。沿底领上口线，距止口 0.15 cm 处缉线，起落针均在领口里侧，如图 2–18 所示。请问，底领两端圆头内缝份为什么要修剪成 0.3 cm？什么情况下止口会反吐？缉底领上口时，起落针为什么均须在领口里侧？

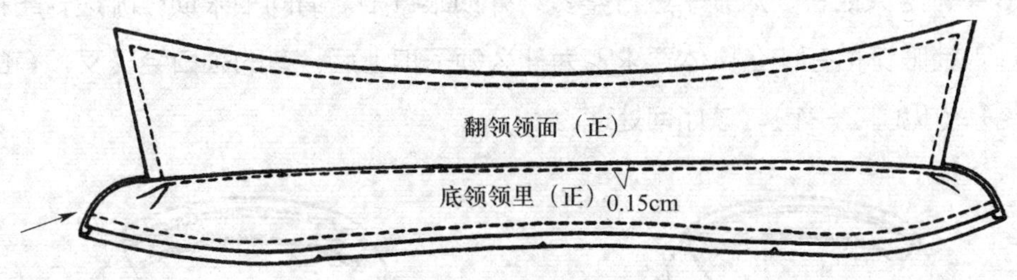

图 2-18　缉底领上口示意图

⑥领子做好后，将领里正面与衣片正面相叠，留 0.6 cm 缝份缉线装领，如图 2-19 所示。请问，为什么起落针时，领底要比门襟、里襟缩进 0.1 cm？

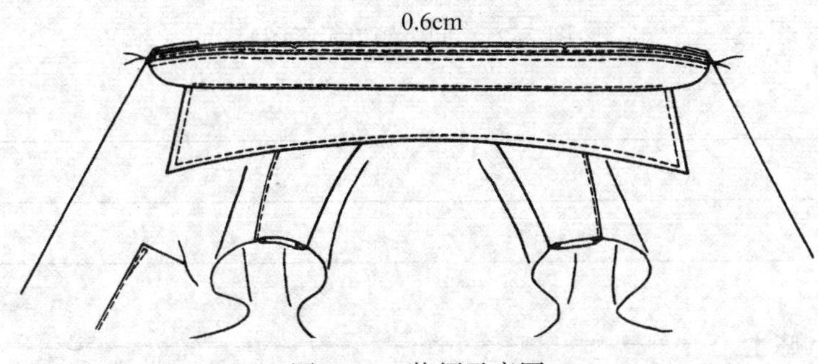

图 2-19　装领示意图

⑦领子装好后，开始压缉底领下口，如图 2-20 所示。请问缉线从何处开始，到何处结束？压缉底领下口时要注意什么？

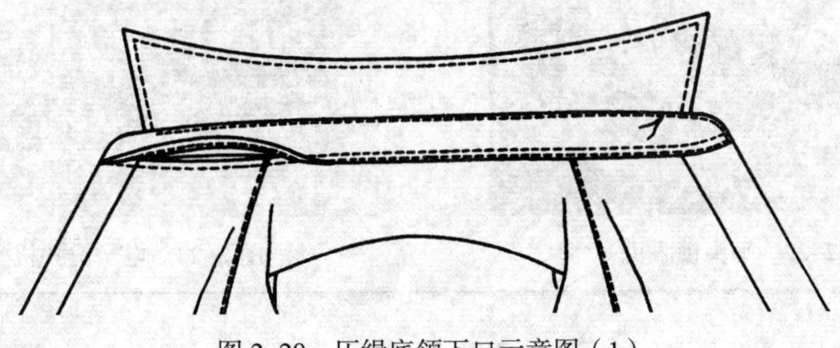

图 2-20　压缉底领下口示意图（1）

⑧装领结束后，要对领子进行整烫，并锁眼钉扣。请问扣眼锁在哪边，纽扣钉在哪边？锁眼钉扣有什么具体要求？为什么领子扣上后，有的领口会交叉，有的领口会豁开（见图 2–21），该如何处理？

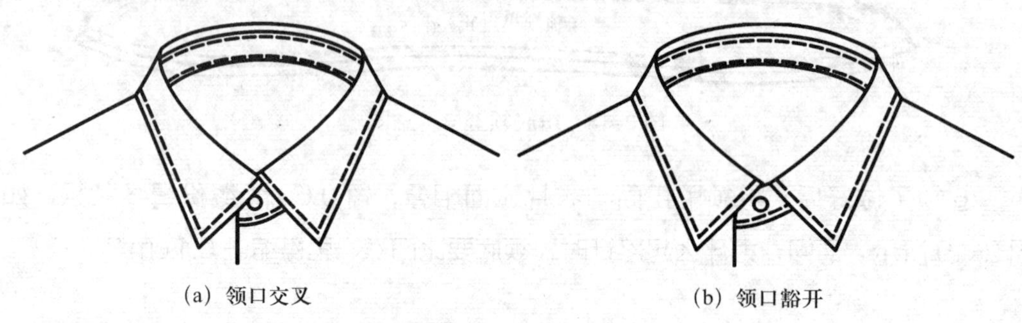

(a) 领口交叉　　(b) 领口豁开

图 2–21　问题领口示意图

____

____

____

小贴士

在现代服装企业，锁眼钉扣一般都是用机器来完成。男衬衫锁平头扣眼，用平头锁眼机完成，钉无脚四孔圆纽扣，用钉扣机完成。平头锁眼机样式如图 2–22 所示，电子钉扣机样式如图 2–23 所示。

图 2–22　平头锁眼机

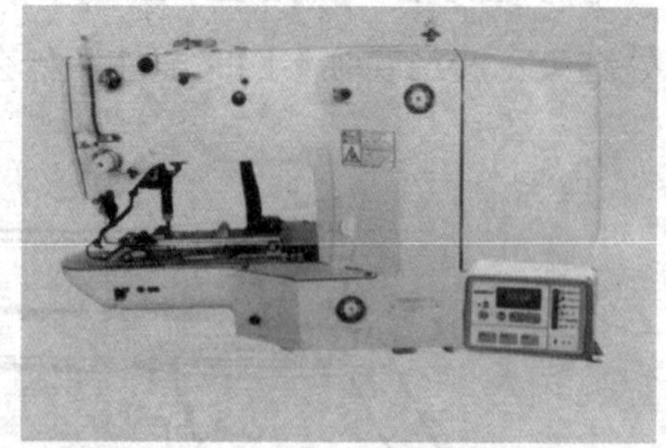

图 2–23　电子钉扣机

引导问题

（4）图 2–24 所示是较老式的领子贴衬方法。请问，该贴衬方法与图 2–12 所示的贴衬方法相比，领子制作过程和成品质量有什么区别？

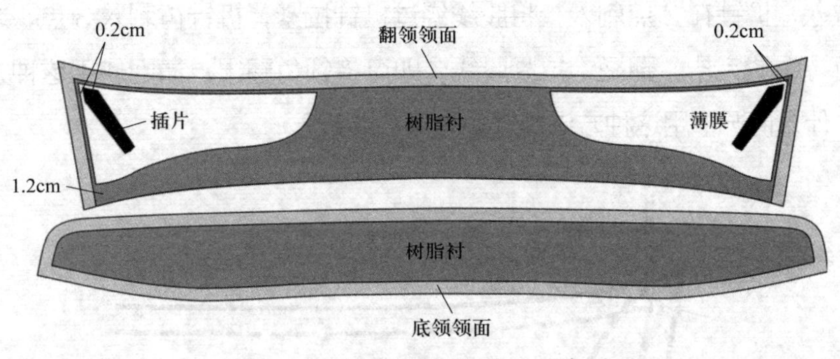

图 2–24　老式领子贴衬方法示意图

引导问题

（5）图 2–25 所示的压缉底领下口方式与图 2–20 所示的压缉底领下口方式在制作的难易程度和成品质量上有什么区别？你认为哪一种方法更好？

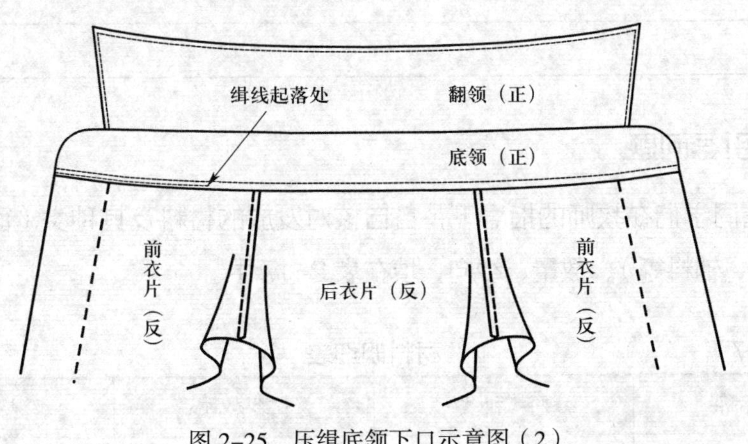

图 2–25　压缉底领下口示意图（2）

引导问题

（6）图 2–26 所示为股线翻领角示意图，其操作方法是：当机针在 1 点刺入后，将股线放入，机针在 2 点刺入，将股线绕过机针拉紧，机针再刺入 3 点，之后往下缉缝即可。缉缝完毕，翻烫，拉紧股线，即可将领角翻出。请问使用这种方法有什么好处？什么情况下用这种方法翻领角效果会更好？

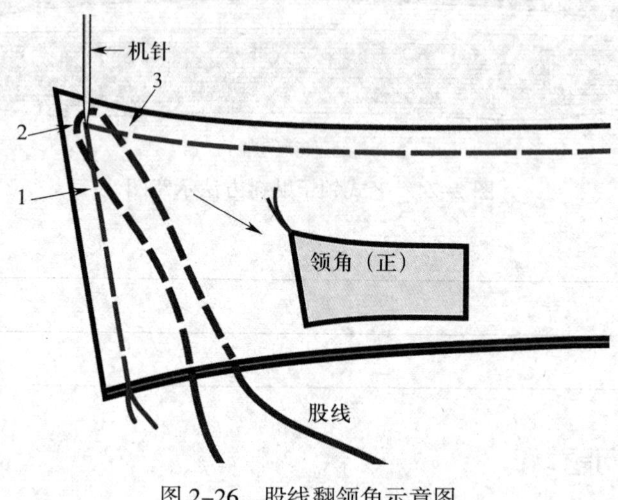

图 2–26　股线翻领角示意图

____

____

____

引导问题

（7）请同学们在教师的指导下，各自核对发放的材料及其种类（面料、里料、衬料、样板、辅料等）、数量、纱向，填在表 2–17 中。

表 2–17　材料明细表

材料名称	材料种类	材料数量	材料纱向

4. 学习检验

(1) 请同学们在教师的指导下，参照世界技能大赛评分标准，完成男衬衫领成品的质量检验，并独立填写表 2-18，并将男衬衫领修改、调整到位。

表 2-18　男衬衫领制作评分表（参照世界技能大赛评分标准）

序号	分值	评分项目	评分内容	评分标准	得分
1	15	男衬衫领的完成度	按照工艺要求完成制作	完成得分，未完成不得分	
2	15	整洁度	外观干净整洁、无脏斑、无过度熨烫、无熨烫不足、无线头、无破损	有一处错误扣5分，扣完为止	
3	20	规格	尺寸规格达到要求，领围39 cm，误差小于0.5 cm；领嘴长7.8 cm，误差小于0.2 cm；后领宽4.5 cm，误差小于0.2 cm；底领高3.5 cm，误差小于0.2 cm；前底领圆头部位宽3 cm，误差小于0.2 cm；领外口缉线宽0.5 cm，误差为0 cm；底领缉线宽0.1 cm，领下口位置缉0.1 cm、0.7 cm双线，误差为0 cm	有一处错误扣5分，扣完为止	
4	10	裁片丝绺	裁片丝绺准确，有条格的面料需对条、对格	有一处错误扣5分，扣完为止	
5	10	线迹	线迹密度：16 ~ 18针/3厘米，误差小于2针/3厘米，线迹松紧适度，且中间无跳线、断线、接线	有一处错误扣5分，扣完为止	
6	20	外观	领子左右对称，领角翻尖、翻实，圆头圆顺饱满、无反吐，领子有里外匀	有一处错误扣5分，扣完为止	
7	10	工作区整洁	工作结束后，工作区要整理干净，物品摆放整齐，电源关闭	有一处错误扣5分，扣完为止	
合计得分					

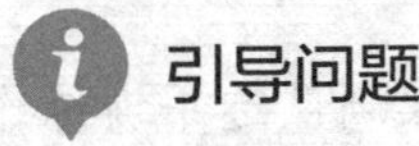

(2) 请同学们以小组为单位，完成表 2-19 的填写。

表 2-19　设备使用记录表

使用设备名称		是否正常使用	
		是	否，是如何处理的
裁剪设备			
缝制设备			
整烫设备			

引导、评价、更正与完善

在教师讲评引导的基础上，对本阶段的学习活动成果进行自我评分和小组评分（100 分制），之后独立用红笔对本阶段的引导问题的回答进行更正和完善。

项目	类别	分数	项目	类别	分数
个人自评分	关键能力		小组评分	关键能力	
	专业能力			专业能力	

（四）成果展示与评价反馈

1. 知识学习

男衬衫领制作成品建议在干净的工作台上平面展示，也可以穿在人台上进行立体展示。

通过观察男衬衫领外观是否干净美观，领角是否翻尖、翻实，圆头是否圆顺饱满、无反吐，领子是否里外匀等，来判断其工艺质量是否达到要求；通过测量领围、领嘴长、后领宽等来判断其尺寸是否符合要求；同时，还要比对领子是否左右对称，最终进行总体评价。

世界技能大赛链接

图 2-27 所示是第 45 届世界技能大赛时装技术项目国家集训队选手训练作品。该作品中衬衫设计就是采用了男衬衫领的式样。

图 2–27　采用男衬衫领的女装式样

2. 技能训练

 实践

（1）将男衬衫领成品平铺在干净的工作台上进行平面展示，或将男衬衫领穿在人台上进行立体展示。

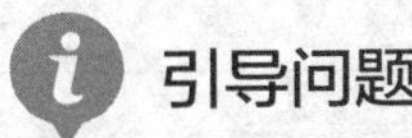

（2）依据表 2–18，对平面展示和立体展示的男衬衫领成品进行自我评价和小组评价。

3. 学习检验

引导问题

（1）在教师的指导下，在小组内进行作品展示，然后经由小组讨论，推选出一组最佳作品，进行全班展示与评价，并由组长简要介绍推选的理由，小组其他成员补充并记录。

小组最佳作品制作人：________________

推选理由：____

____

____

其他小组评价意见：____

____

教师评价意见：

引导问题

（2）将本次学习活动出现的问题及其产生的原因和解决的办法填写在表 2-20 中。

表 2-20　　问题分析表

出现的问题	产生的原因	解决的办法

自我评价

（3）将本次学习活动中自己最满意的地方和最不满意的地方各写一点，并简要说明原因，然后完成表 2-21 中相关内容的填写。

最满意的地方：

最不满意的地方：

表 2-21　　学习活动考核评价表

学习活动名称：男衬衫领制作

班级：　　学号：　　姓名：　　指导教师：

评价项目	评价标准	评价依据	评价方式			权重	得分小计	总分
			自我评价	小组评价	教师（企业）评价			
			10%	20%	70%			
关键能力	1. 能穿戴劳保服装，遵守安全生产操作规程 2. 能参与小组讨论，制订计划，相互交流与评价	1. 课堂表现				40%		

续表

<table>
<tr><th rowspan="3">评价项目</th><th rowspan="3">评价标准</th><th rowspan="3">评价依据</th><th colspan="3">评价方式</th><th rowspan="3">权重</th><th rowspan="3">得分小计</th><th rowspan="3">总分</th></tr>
<tr><th>自我评价</th><th>小组评价</th><th>教师（企业）评价</th></tr>
<tr><th>10%</th><th>20%</th><th>70%</th></tr>
<tr><td>关键能力</td><td>3. 能积极主动、勤学好问
4. 能清晰、准确地与相关人员进行沟通
5. 能清扫场地和机台，归置物品，填写设备使用记录</td><td>2. 工作页填写</td><td></td><td></td><td></td><td></td><td></td><td rowspan="2"></td></tr>
<tr><td>专业能力</td><td>1. 能区分领子的类型
2. 能叙述男衬衫领制作所用工具和设备的名称与功能
3. 能识读男衬衫领生产工艺单，明确工艺要求，叙述其制作流程
4. 能在教师指导下，完成男衬衫领制作的全过程
5. 能按照企业标准（或世界技能大赛评分标准）对男衬衫领成品进行质量检验，并进行展示</td><td>1. 课堂表现
2. 工作页填写
3. 提交的作品</td><td></td><td></td><td></td><td>60%</td><td></td></tr>
<tr><td>指导教师综合评价</td><td colspan="8">

指导教师签名：　　　　　　　　　　　　　　　　　日期：</td></tr>
</table>

三、学习拓展

说明：本阶段学习拓展建议课时为 2 ~ 4 课时，要求学生在课后独立完成。教师可根据本校的教学需要和学生的实际情况，选择部分或全部内容进行实践，也可另行选择相关拓展内容，亦可不实施本学习拓展，将其所省课时用于学习过程阶段实践内容的强化。

拓展 1

请同学们在教师指导下，通过小组讨论交流，完成图 2-28 所示分座式翻领的制作。分座式翻领领围 45 cm，后领宽 6 cm，底领高 4 cm，领嘴长 8 cm。

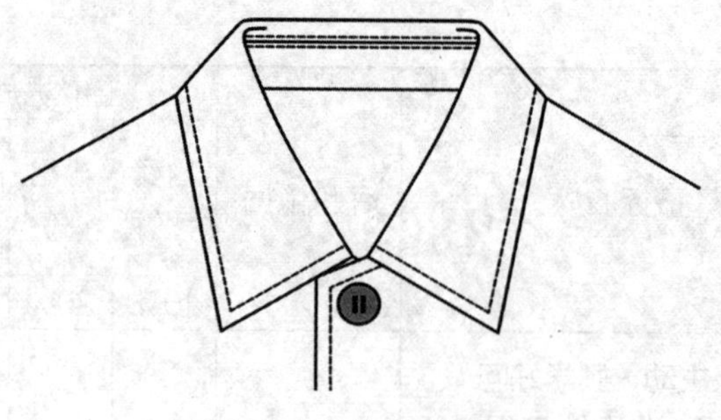

图 2-28　分座式翻领

拓展 2

请同学们在教师指导下，通过小组讨论交流，完成图 2-29 所示中山装领子的制作。中山装领子领围 42 cm，后领宽 4 cm，后底领高 3.3 cm，前底领高 2.5 cm，领嘴长 6 cm。

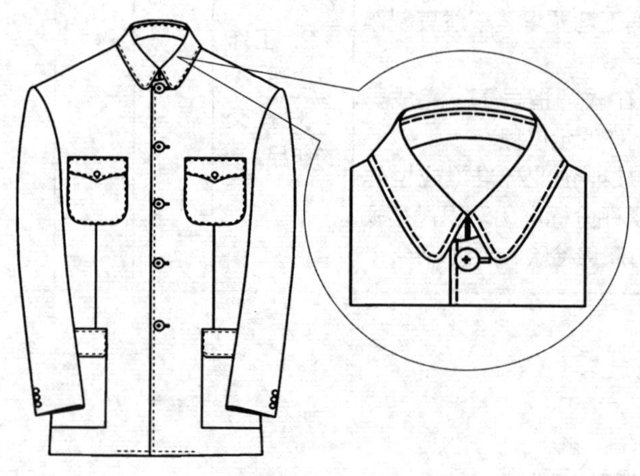

图 2-29　中山装领子

查询与收集

请同学们通过查阅相关学习材料或企业生产工艺单，选择 2 个关于男衬衫领制作的生产工艺单，摘录其工艺要求和制作流程。

学习活动 3
男西服平驳领制作

学习目标

1. 能严格遵守工作制度，服从工作安排，按要求准备好男西服平驳领制作所需的工具、设备、材料与各项技术文件。

2. 能正确识读男西服平驳领制作的各项技术文件，明确男西服平驳领制作的流程、方法和注意事项。

3. 能查阅相关技术资料，制订男西服平驳领的制作计划，并在教师的指导下，通过小组讨论作出决策。

4. 能依据技术文件要求，结合男西服平驳领制作规范，独立完成男西服平驳领的制作、检查与复核工作。

5. 能按照企业标准（或世界技能大赛评分标准）对男西服平驳领成品进行质量检验，并依据检验结果，将男西服平驳领修改、调整到位。

6. 能记录男西服平驳领制作过程中的疑难点，通过小组讨论、合作探究，或在教师的指导下，提出较为合理的解决办法。

7. 能展示、评价男西服平驳领制作各阶段成果，并根据评价结果，作出相应反馈。

一、学习准备

1. 服装制作学习工作室、缝制设备、整烫设备。

2. 劳保服装、安全生产操作规程、生产工艺单（见表 2-22）、服装缝制工艺相关学习材料。

3. 分成学习小组（以英文大写字母命名，每组 5 ~ 6 人），分组信息填写在表 2-23 中。

表 2-22　　男西服平驳领生产工艺单

<table>
<tr><td>部件名称</td><td colspan="2">男西服平驳领</td></tr>
<tr><td>款式图与款式说明</td><td>款式图</td><td>款式说明：
1. 领围 42 cm，底领高 6 cm，驳头宽 8 cm，领嘴长 3.5 cm，领嘴夹角 80°
2. 驳头上锁圆头扣眼，扣眼尾部打套结，扣眼距串口线 3.5 cm、距驳头止口 1.5 cm，扣眼长 2 cm，扣眼不开孔
3. 领底覆领底呢，用三角针固定，三角针针距 0.5 cm</td></tr>
<tr><td>工艺要求</td><td colspan="2">1. 缝制采用 14 号机针，线迹密度为 14 ~ 16 针 /3 厘米，误差小于 2 针 /3 厘米，线迹松紧适度，且中间无跳线、断线、接线
2. 尺寸规格达到要求，领围误差小于 0.5 cm，底领高、驳头宽和领嘴长误差小于 0.2 cm，领嘴夹角误差小于 5°，扣眼距串口线、驳头止口误差小于 0.2 cm，扣眼长误差小于 0.2 cm，三角针针距误差小于 0.1 cm
3. 领口与驳头要左右对称、无歪斜、无反吐、无吃皱、无毛漏，且要有里外匀
4. 扣眼平正，不开孔，三角针针距均匀、一致
5. 领子里外光洁，线头清理干净
6. 熨烫平服，无烫黄、变色，无水渍、污渍，无破损
7. 作品整洁、美观</td></tr>
<tr><td>制作流程</td><td colspan="2">核对裁片→领面贴衬→扣烫领面→标记、定位→做、装领面→固定领窝线→绷领底呢→整烫、整理→质量检验</td></tr>
<tr><td>备注</td><td colspan="2"></td></tr>
</table>

表 2-23　　小组编号表

组号	组内成员及编号	组长姓名	组长编号	本人姓名	本人编号

（1）服装厂的很多工人喜欢在作业时戴护袖，穿围裙式工作服，而且工作服的前面都会有一个大贴袋，请问这样穿戴有什么好处？

______

______

______

引导问题

（2）在车缝过程中，有时会出现断针现象。请问，如果机针断了，该如何处理？请选择。（　　）

A. 迅速关机，找到断针并妥善处理，更换新的机针，查出断针的原因并进行相应处理，继续缝制

B. 将缝料移出，将断针抖落，更换新的机针，继续缝制

二、学习过程

（一）明确工作任务、获取相关信息

1. 知识学习

小贴士

男西装领统一采用驳领结构。驳领由底领、翻领和驳头三部分组成。驳领根据领子与驳头连接形式和造型的不同可分为三种：平驳领、戗驳领、青果领，具体如图 2-30 所示。

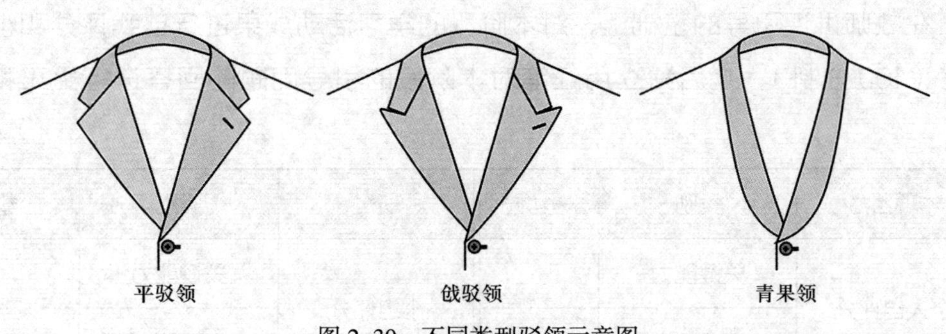

图 2-30　不同类型驳领示意图

 引导问题

请同学们在表 2-24 所示图片的下方填写其所属西装领的类型。

表 2-24　　西装领类型识别表

领子图片			
领子类型			
领子图片			
领子类型			

引导、评价、更正与完善

在教师讲评引导的基础上，对本阶段的学习活动成果进行自我评分和小组评分（100 分制），之后独立用红笔对本阶段的引导问题的回答进行更正和完善。

项目	类别	分数	项目	类别	分数
个人自评分	关键能力		小组评分	关键能力	
	专业能力			专业能力	

2. 学习检验

在教师的引导下，独立完成表 2-25 的填写。

表 2-25　　学习任务与学习活动简要归纳表

本次学习任务的名称	
本次学习活动的名称	
本次学习活动的主要目标	
你认为本次学习活动中，哪些目标的实现难度较大	

引导、评价、更正与完善

在教师讲评引导的基础上，对本阶段的学习活动成果进行自我评分和小组评分（100 分制），之后独立用红笔对本阶段的引导问题的回答进行更正和完善。

项目	类别	分数	项目	类别	分数
个人自评分	关键能力		小组评分	关键能力	
	专业能力			专业能力	

（二）制订男西服平驳领制作计划并决策

1. 知识学习

学习制订计划的基本方法、内容和注意事项。

计划制订参考意见：整个工作的内容和目标是什么？整个工作分几步实施？工作过程中要注意什么？小组成员之间该如何配合？出现问题该如何处理？

2. 学习检验

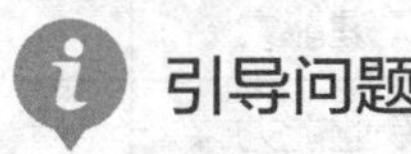

（1）请简要写出你们的小组工作计划。

______

______

______

引导问题

（2）你在制订计划的过程中承担了什么工作，有什么体会？

____

____

引导问题

（3）教师对于小组的计划给出了什么修改建议，为什么？

____

____

引导问题

（4）你认为计划中哪些地方比较难实施，为什么？你有什么想法？

____

____

引导问题

（5）小组最终作出了什么决定？是如何作出的？

____

____

引导、评价、更正与完善

在教师讲评引导的基础上，对本阶段的学习活动成果进行自我评分和小组评分（100 分制），之后独立用红笔对本阶段的引导问题的回答进行更正和完善。

项目	类别	分数	项目	类别	分数
个人自评分	关键能力		小组评分	关键能力	
	专业能力			专业能力	

（三）男西服平驳领制作与检验

1. 知识学习

请同学们认真阅读男西服平驳领生产工艺单，然后回答以下引导问题。

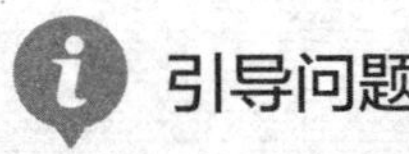

引导问题

（1）简述男西服平驳领制作的工艺要求。

引导问题

（2）简述男西服平驳领的制作流程。

世界技能大赛链接

驳领也是女装常用的领型。图 2–31 所示是第 45 届世界技能大赛时装技术项目获得金牌的选手温彩云在比赛中设计的变化驳领。

图 2–31　变化驳领

2. 操作演示

请扫描二维码，观看男西服平驳领制作视频。

3. 技能训练

引导问题

（1）请同学们在教师的示范指导下，参照图 2–32，完成贴衬工作，然后通过小组讨论，回答以下问题。

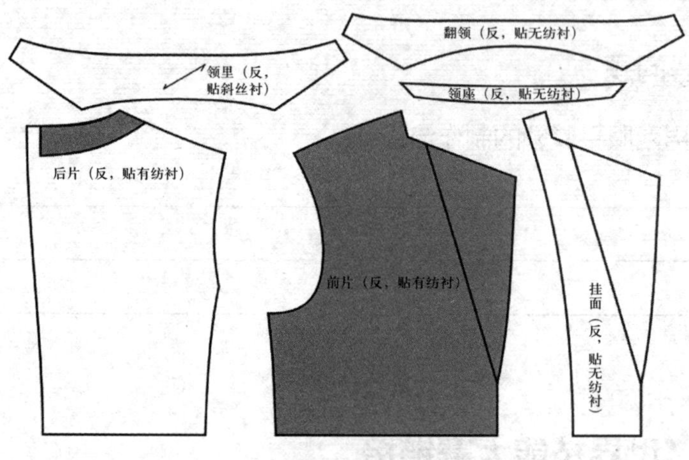

图 2–32　衣片贴衬示意图

①为什么领子、挂面贴的是无纺衬，领里用了斜丝衬，而前片和后片贴的是有纺衬？

____

____

____

②在烫衬时，西服衣片一般是先手工初烫，之后再用烫衬机复烫，请问为什么要这么做？

____

____

____

③在烫衬时，所有与贴衬的衣片属于同一类型的衣片，都需要在烫衬机里过一遍，这是为什么？

____

____

小贴士

在现代服装企业，男西服一般都是批量生产，由于贴衬的工作量大、要求高，普通的熨斗无论在熨烫质量上还是在熨烫效率上都远远达不到要求，因此需要使用烫衬机来完成这一工作。烫衬机又叫粘合机，分为板式和辊式两种。烫衬机具体样式如图 2-33 所示。

图 2-33　烫衬机

引导问题

（2）请同学们在教师的示范指导下，结合观看视频，完成男西服平驳领的车缝与整烫，并独立回答以下问题。

①领里在制作时，先沿领翻折线缉缝一道线，然后在领翻折线上进行归缩，将领下口适当拔开，如图 2-34 所示，请问归缩量大概是多少？

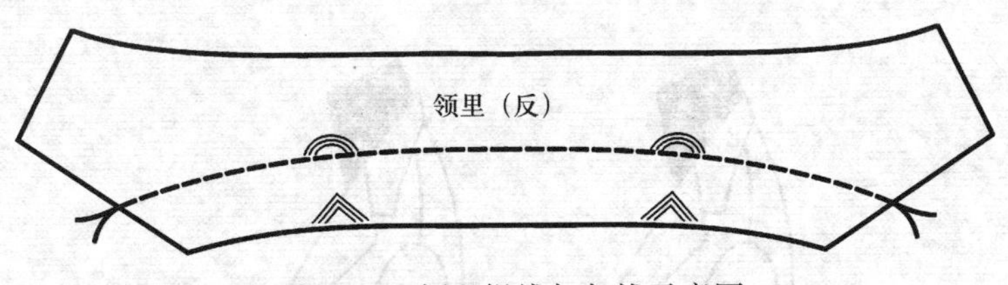

图 2-34　领里缉线与归拔示意图

____

____

____

②在制作领面时，只需将翻领与底领缝合，分缝烫倒，修剪缝份至 0.3 cm，正面上下各缉缝 0.1 cm 明线即可，如图 2-35 所示。请问，领里的归缩处理和领面的分片处理在功能上有什么共同之处，为什么？

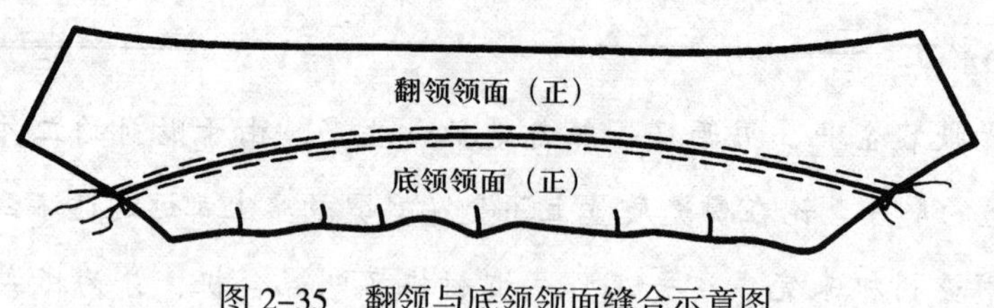

图 2-35　翻领与底领领面缝合示意图

小贴士

归缩领里、领面的翻折线处，是领子制作工艺中的关键。只有归缩到位，才能保证领子紧紧贴服人体后脖颈，同时也确保领面能从领子最外层平服地过渡到最里层而不起皱。为达到这一效果，在现代男西服制作工艺中，通常是领里采用归缩工艺，领面采用分片处理工艺。

引导问题

（3）请判断图 2-36 所示的两件服装，哪一个的领子归缩处理是到位的，为什么？

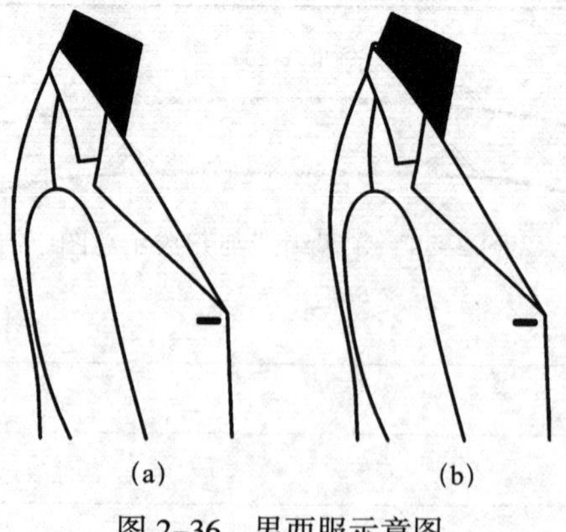

图 2-36　男西服示意图

引导问题

（4）领面与领里固定如图 2-37 所示。请问领里外口净线为什么要比领面外口净线进 0.2 cm？在左右领嘴处是否需要进量？领面、领里烫平后，为什么需要重新进行对位标记？

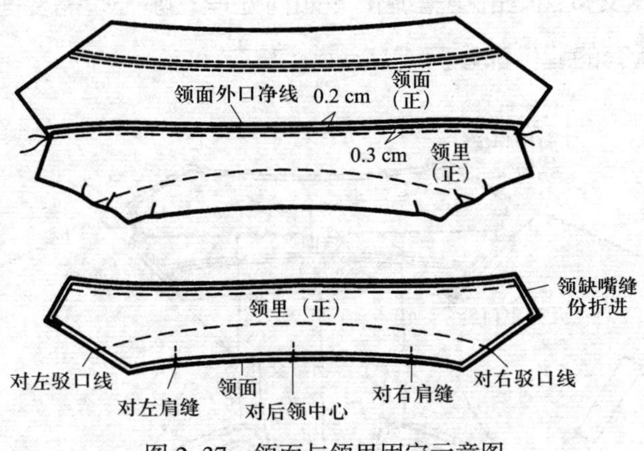

图 2-37　领面与领里固定示意图

引导问题

（5）衣片缝合完成后，将领面与衣身挂面、里子正面相叠，按照图 2-38 所示装领面。请问在装领面的时候，有哪些注意事项？

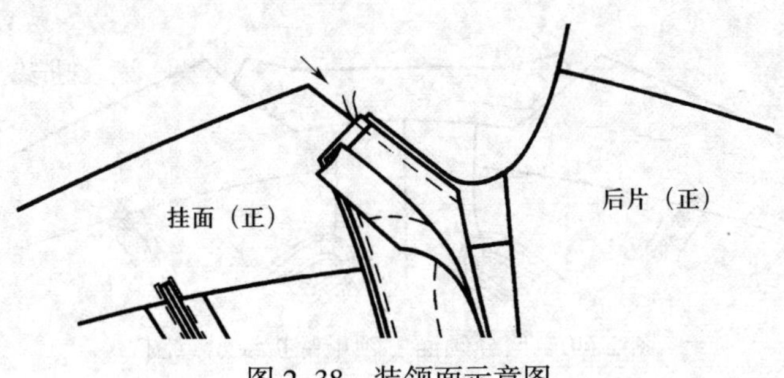

图 2-38　装领面示意图

引导问题

（6）领面装好后，要进行分缝或倒缝处理，如图 2-39 所示。请问：分缝之前，要在何处剪刀口，剪的时候要注意什么？剪开之后，何处要分缝，何处要倒缝？领面在串口线与领窝交接点处的重叠缝份该如何处理？哪一段需要面、里缉缝固定？最后为什么要将所有的缝份都修剪成 0.5 cm 左右？

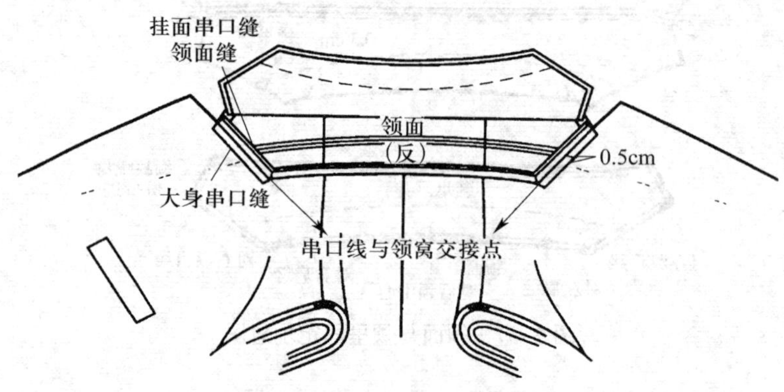

图 2-39　分缝或倒缝处理示意图

引导问题

（7）固定领里之前，要对领面、领里翻折线进行假缝处理，如图 2-40 所示。请问，假缝的目的是什么？

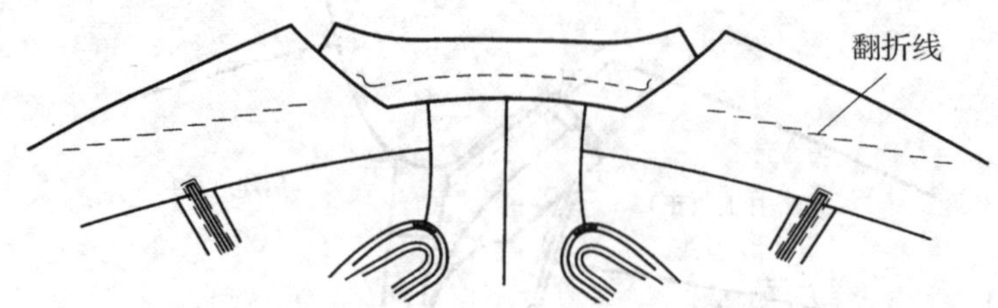

图 2-40　假缝领面、领里翻折线示意图

引导问题

（8）领面、领里翻折线假缝之后，即可绷缝领里，领里绷缝完成后，领面在上，沿翻领与底领的拼缝处灌缝一道线，如图 2-41 所示。请问，绷三角针有什么要求？灌缝的目的是什么？

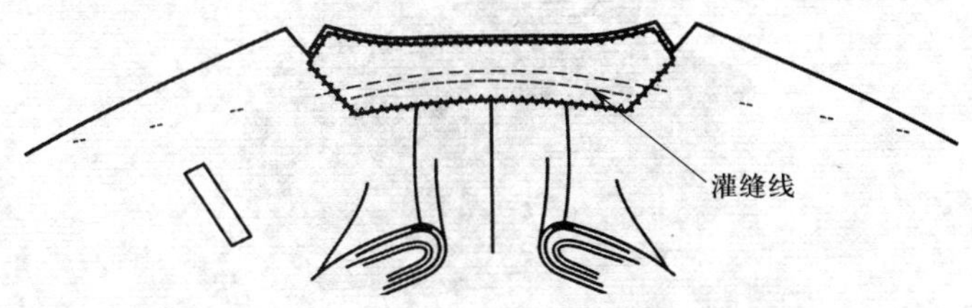

图 2-41　绷三角针、灌缝示意图

引导问题

（9）装领结束后，在左驳头指定位置锁眼、打套结，拆除假缝线，将西服驳头放在布馒头上，盖上湿布进行熨烫，如图 2-42 所示。请问，套结打在扣眼的什么位置？为什么要盖上湿布进行熨烫？整烫领子和驳头需要注意什么？

图 2-42　西服驳头熨烫示意图

小贴士

男西服锁圆头扣眼，采用两次成型，先用圆头锁眼机锁出圆头扣眼，之后用套结机在扣眼的尾部打套结。需要特别注意的是，男西服驳头上的扣眼只起装饰作用，因此不能开孔。圆头锁眼机样式如图 2-43 所示。

图 2-43　圆头锁眼机

引导问题

（10）男西服领翻折线既可以按照图 2-44 所示进行归缩，也可以按照图 2-34 所示处理，即在领翻折线下 0.2 cm 处贴牵条，牵条宽 0.3 ~ 0.5 cm。操作时一边拉紧牵条，一边用熨斗将牵条与领里粘合，为防止牵条脱落，粘合完成后，牵条上再缉一道线。你认为哪一种方法更好，为什么？

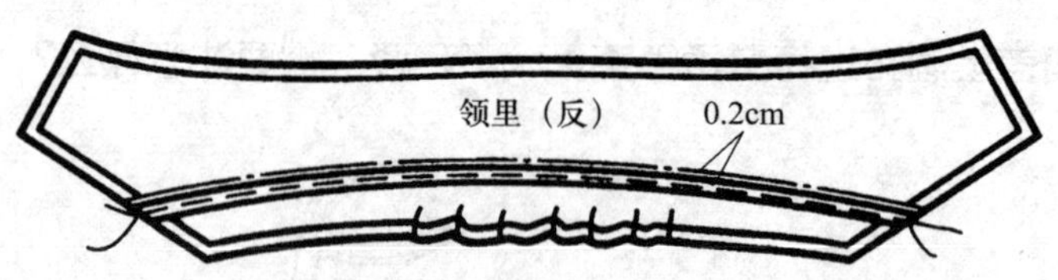

图 2-44　领翻折线贴牵条示意图

____

____

____

引导问题

（11）男西服领里采用的是领底呢，而女西服一般则采用与领面面料相同的斜丝面料，女西服做领、装领工艺与男西服有较大不同。请查阅相关学习材料，写出女西服领与男西服领子制作工艺的异同之处。

____

____

____

引导问题

（12）请同学们在教师的指导下，各自核对发放的材料及其种类（面料、里料、衬料、样板、辅料等）、数量、纱向，填写在表 2-26 中。

表 2-26 材料明细表

材料名称	材料种类	材料数量	材料纱向

4. 学习检验

训练

（1）请同学们在教师的指导下，参照世界技能大赛评分标准，完成男西服平驳领成品的质量检验，独立填写表 2-27，并将男西服平驳领修改、调整到位。

表 2-27 男西服平驳领制作评分表（参照世界技能大赛评分标准）

序号	分值	评分项目	评分内容	评分标准	得分
1	15	男西服平驳领的完成度	按照工艺要求完成制作	完成得分，未完成不得分	
2	15	整洁度	外观干净整洁、无脏斑、无过度熨烫、无熨烫不足、无线头、无破损	有一处错误扣 5 分，扣完为止	

续表

序号	分值	评分项目	评分内容	评分标准	得分
3	20	规格	尺寸规格达到要求，领围 42 cm，误差小于 0.5 cm；底领高 6 cm，误差小于 0.2 cm；驳头宽 8 cm，误差小于 0.2 cm；领嘴长 3.5 cm，误差小于 0.2 cm；领嘴夹角 80°，误差小于 5°；扣眼距串口线、距驳头止口分别为 3.5 cm、1.5 cm，误差小于 0.2 cm；扣眼长 2 cm，误差小于 0.2 cm；三角针针距 0.5 cm，误差小于 0.1 cm	有一处错误扣 5 分，扣完为止	
4	10	裁片丝绺	裁片丝绺准确，符合要求	有一处错误扣 5 分，扣完为止	
5	10	线迹	线迹密度：14 ~ 16 针 /3 厘米，误差小于 2 针 /3 厘米，线迹松紧适度，且中间无跳线、断线、接线	有一处错误扣 5 分，扣完为止	
6	20	外观	领子左右对称，无歪斜、无毛漏，领子有里外匀，三角针针距均匀、一致，扣眼平正	有一处错误扣 5 分，扣完为止	
7	10	工作区整洁	工作结束后，工作区要整理干净，物品摆放整齐，电源关闭	有一处错误扣 5 分，扣完为止	
合计得分					

引导问题

（2）请同学们以小组为单位，完成表 2-28 的填写。

表 2-28　　设备使用记录表

使用设备名称		是否正常使用	
		是	否，是如何处理的
裁剪设备			
缝制设备			
整烫设备			

引导、评价、更正与完善

在教师讲评引导的基础上，对本阶段的学习活动成果进行自我评分和小组评分（100 分制），之后独立用红笔对本阶段的引导问题的回答进行更正和完善。

项目	类别	分数	项目	类别	分数
个人自评分	关键能力		小组评分	关键能力	
	专业能力			专业能力	

（四）成果展示与评价反馈

1. 知识学习

男西服平驳领制作成品建议在干净的工作台上平面展示，或在人台上立体展示。

通过观察男西服平驳领外观是否干净整洁，有无歪斜、毛漏，领子是否有里外匀，三角针是否针距均匀一致，扣眼是否平正等来判断其工艺质量是否达到要求；通过测量领子的尺寸来判断其尺寸是否符合要求；同时，还要比对领子是否左右对称，最终进行整体评价。

世界技能大赛链接

图 2–45 所示是第 45 届世界技能大赛时装技术项目获得银牌的选手（巴西）的设计作品。该作品领子采用的是变化驳领式样。

图 2–45　变化驳领大衣

2. 技能训练

 实践

（1）将男西服平驳领成品平铺在干净的工作台上进行平面展示，或穿在人台上进行立体展示。

（2）依据表 2-27，对平面展示和立体展示的男西服平驳领成品进行自我评价和小组评价。

3. 学习检验

引导问题

（1）在教师的指导下，在小组内进行作品展示，然后经由小组讨论，推选出一组最佳作品，进行全班展示与评价，并由组长简要介绍推选的理由，小组其他成员补充并记录。

小组最佳作品制作人：____________

推选理由：________________________________

____

____

其他小组评价意见：____________________________

____

____

____

教师评价意见：______________________________

____

____

____

引导问题

（2）将本次学习活动出现的问题及其产生的原因和解决的办法填写在表 2-29 中。

表 2-29　　问题分析表

出现的问题	产生的原因	解决的办法

自我评价

（3）将本次学习活动中自己最满意的地方和最不满意的地方各写一点，并简要说明原因，然后完成表 2-30 中相关内容的填写。

最满意的地方：________________________________

____

最不满意的地方：______________________________

____

表 2-30　　学习活动考核评价表

学习活动名称：男西服平驳领制作

班级：　　学号：　　姓名：　　指导教师：

评价项目	评价标准	评价依据	评价方式			权重	得分小计	总分
			自我评价	小组评价	教师（企业）评价			
			10%	20%	70%			
关键能力	1. 能穿戴劳保服装，遵守安全生产操作规程 2. 能参与小组讨论，制订计划，相互交流与评价 3. 能积极主动、勤学好问	1. 课堂表现				40%		

续表

<table>
<tr><th rowspan="3">评价项目</th><th rowspan="3">评价标准</th><th rowspan="3">评价依据</th><th colspan="3">评价方式</th><th rowspan="3">权重</th><th rowspan="3">得分小计</th><th rowspan="3">总分</th></tr>
<tr><th>自我评价</th><th>小组评价</th><th>教师（企业）评价</th></tr>
<tr><th>10%</th><th>20%</th><th>70%</th></tr>
<tr><td>关键能力</td><td>4. 能清晰、准确地与相关人员进行沟通
5. 能清扫场地和机台，归置物品，填写设备使用记录</td><td>2. 工作页填写</td><td></td><td></td><td></td><td></td><td></td><td rowspan="2"></td></tr>
<tr><td>专业能力</td><td>1. 能区分领子的类型
2. 能叙述男西服平驳领制作所用工具和设备的名称与功能
3. 能识读男西服平驳领生产工艺单，明确工艺要求，叙述其制作流程
4. 能在教师指导下，完成男西服平驳领制作的全过程
5. 能按照企业标准（或世界技能大赛评分标准）对男西服平驳领成品进行质量检验，并进行展示</td><td>1. 课堂表现
2. 工作页填写
3. 提交的作品</td><td></td><td></td><td></td><td>60%</td><td></td></tr>
<tr><td>指导教师综合评价</td><td colspan="8">

指导教师签名：　　　　　　　　　　日期：</td></tr>
</table>

三、学习拓展

说明：本阶段学习拓展建议课时为 2 ～ 4 课时，要求学生在课后独立完成。教师可根据本校的教学需要和学生的实际情况，选择部分或全部内容进行实践，也可另行选择相关拓展内容，亦可不实施本学习拓展，将其所省课时用于学习过程阶段实践内容的强化。

拓展 1

请同学们在教师指导下，通过小组讨论交流，完成图 2-46 所示男西服青果领的制作，领子大小可参考平驳领的相关尺寸。

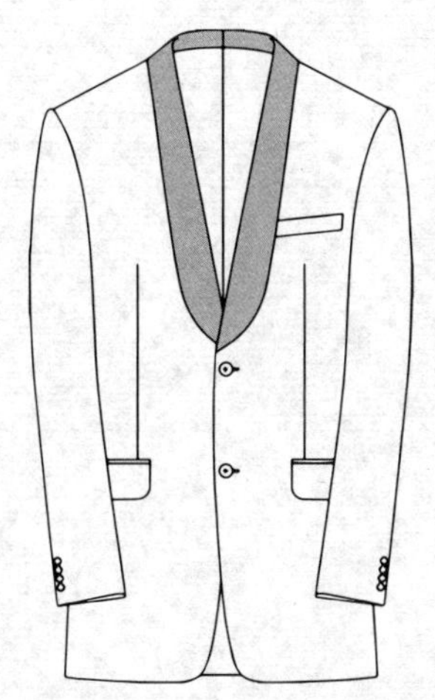

图 2-46　装有青果领的男西服

拓展 2

请同学们在教师指导下，通过小组讨论交流，完成图 2-47 所示男西服戗驳领的制作，领子大小可参考平驳领的相关尺寸。

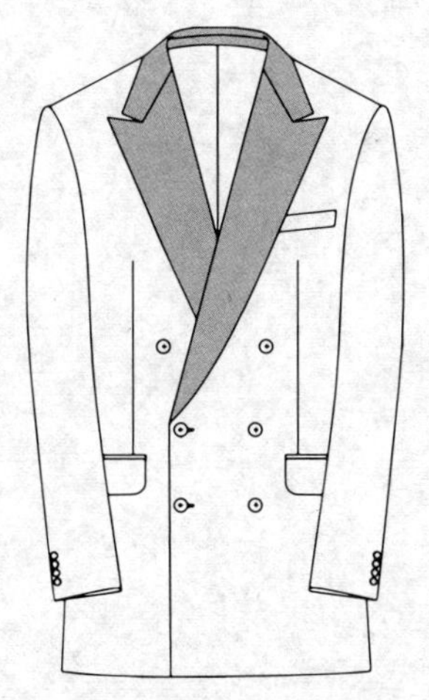

图 2-47　装有戗驳领的男西服

查询与收集

请同学们通过查阅相关学习材料或企业生产工艺单，选择 2 个关于西装领制作的生产工艺单，摘录其工艺要求和制作流程。

学习任务三
袖子制作

学习目标

1. 能读懂袖子制作生产工艺单，明确加工内容、数量及工期等要求。

2. 能仔细查看袖子制作生产工艺单的内容，明确袖子制作标准和工艺要求，按要求领取工具和材料。

3. 能根据袖子结构特点、工艺要求和面料特性，合理选择、调试、使用加工设备，按照安全生产操作规程，实施安全操作。

4. 能根据任务要求，合理选择工艺制作方法，独立完成袖子制作，做到缉线顺直、缝份一致、点位对齐、丝绺平顺、熨烫到位。

5. 能使用专业术语与相关人员有效沟通，高效地解决制作过程中的技术问题。

6. 能按照袖子质量检验标准（可参考世界技能大赛时装技术项目标准）对袖子部件进行自检、修改，确保产品质量。

7. 能正确保养设备并认真填写“设备保养记录表”。

8. 在工作过程中，能遵守“8S”管理规定，逐渐养成认真负责、规范有序、严谨细致的良好职业素养。

建议课时

12 学时。

学习任务描述

在服装企业的生产流水线上，做袖子是一项常见任务。接到班组长安排的任务后，作业人员在车缝机位上，依据生产工艺单的具体要求，领取袖子裁片，独立完成袖子裁片核对，标记、定位，裁片缝制和质量检验等工序，并将完成的工件交由下一道工序的作业人员。

学习活动

1. 男衬衫袖制作。

2. 西装袖制作。

3. 插肩袖制作。

学习活动 1 男衬衫袖制作

学习目标

1. 能严格遵守工作制度，服从工作安排，按要求准备好男衬衫袖制作所需的工具、设备、材料与各项技术文件。

2. 能正确识读男衬衫袖制作的各项技术文件，明确男衬衫袖制作的流程、方法和注意事项。

3. 能查阅相关技术资料，制订男衬衫袖的制作计划，并在教师的指导下，通过小组讨论作出决策。

4. 能依据技术文件要求，结合男衬衫袖制作规范，独立完成男衬衫袖的制作、检查与复核工作。

5. 能按照企业标准（或世界技能大赛评分标准）对男衬衫袖成品进行质量检验，并依据检验结果，将男衬衫袖修改、调整到位。

6. 能记录男衬衫袖制作过程中的疑难点，通过小组讨论、合作探究，或在教师的指导下，提出较为合理的解决办法。

7. 能展示、评价男衬衫袖制作各阶段成果，并根据评价结果，作出相应反馈。

一、学习准备

1. 服装制作学习工作室、缝制设备、整烫设备。

2. 劳保服装、安全生产操作规程、生产工艺单（见表 3-1）、服装缝制工艺相关学习材料。

3. 分成学习小组（以英文大写字母命名，每组 5 ~ 6 人），分组信息填写在表 3-2 中。

表 3-1　男衬衫袖生产工艺单

部件名称	男衬衫袖	
款式图与款式说明	 款式图	款式说明： 1. 袖长 59 cm，袖口长 26 cm 2. 袖克夫长 26 cm、宽 6 cm 3. 宝剑头袖衩长 13 cm、宽 2.4 cm 4. 袖克夫四周缉缝明线，缉线宽 0.25 cm
工艺要求	1. 缝制采用 11 号机针，线迹密度为 16 ~ 18 针 /3 厘米，误差小于 2 针 /3 厘米，线迹松紧适度，且中间无跳线、断线、接线 2. 尺寸规格达到要求，袖长误差小于 0.8 cm，袖口长误差小于 0.3 cm 3. 左右袖衩长短、宽窄一致，袖衩长误差小于 0.3 cm，袖衩宽误差小于 0.1 cm 4. 袖裥大小、长短一致，袖裥大小互差小于 0.8 cm，袖裥长短互差小于 0.5 cm 5. 袖克夫平挺、对称、圆顺，止口不反吐，缉明线，缉线顺直，缉线宽误差 0 cm，左右两侧对合互差小于 0.5 cm 6. 绱袖圆顺，袖底十字缝误差小于 0.3 cm 7. 产品整洁，无污渍、水花、线头 8. 遵守各项规章制度，正确使用工具、设备	
制作流程	核对裁片，标记、定位→袖克夫面反面贴衬→做、装宝剑头袖衩→固定袖口裥→绱袖→合袖底缝→做袖克夫→装袖克夫→整烫、整理→质量检验	
备注		

表 3-2　小组编号表

组号	组内成员及编号	组长姓名	组长编号	本人姓名	本人编号

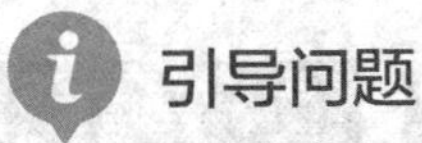

引导问题

工作服一般都设计成紧袖口的形式，而且袖口的大小可在一定范围内调节，这是为什么?

____

____

____

二、学习过程

（一）明确工作任务、获取相关信息

1. 知识学习

引导问题

（1）袖子的种类有哪些?

____

____

> **小贴士**
>
> 服装袖子具有保护上肢，装饰、美化手臂的双重功能，是服装设计的重要变化部位，如图 3-1 所示。衣袖的款式繁多，根据不同的分类方式可分为以下多种类型：
>
> （1）以袖片构成数量分类，可分为一片袖、两片袖和多片袖等。
>
> （2）以袖子的长度分类，可分为冒肩袖、短袖、中袖、七分袖和长袖等。
>
> （3）以袖片的结构形式分类，可分为圆袖、插肩袖和连袖等。
>
> （4）按袖子的外观样式分类，可分为喇叭袖、灯笼袖和泡泡袖等。

引导问题

（2）请同学们说一说，图 3-1 所示的几款服装的袖子分别属哪一种类型。

____

____

图 3–1　各式袖子的服装

小贴士

圆袖是指袖子与衣身分别制作，再装缝到袖窿上的袖型，袖山吃势一般控制在 1 ~ 4 cm 之间。圆袖主要有一片袖和两片袖。

插肩袖是指衣片的肩部与衣袖连成一体的袖型。由于肩端点水平线与袖中线夹角的变化，衣袖的肥瘦产生变化，插肩袖的袖片可以由一片、两片或多片组成。

连袖是指衣片的肩部与袖山部连成一体的袖型。连袖的形式有多种，袖中线与肩端点水平线的夹角可有 0° ~ 45° 的变化，不同的角度形成不同风格的连袖。

讨论

（3）请同学们仔细观察自己及同学身上所穿衣服的袖子，说出其属于哪一种袖子类型；并通过亲自实践，体会袖子与胳膊之间的关系，小组成员相互讨论，简要写出交流结果。

____

____

引导问题

（4）请你翻一翻自己的衣箱，看看你所拥有的各种一片袖的服装，它们的袖子之间有什么异同？（如袖衩、袖褶、袖克夫等部位）

____

____

引导、评价、更正与完善

在教师讲评引导的基础上，对本阶段的学习活动成果进行自我评分和小组评分（100 分制），之后独立用红笔对本阶段的引导问题的回答进行更正和完善。

项目	类别	分数	项目	类别	分数
个人自评分	关键能力		小组评分	关键能力	
	专业能力			专业能力	

2. 学习检验

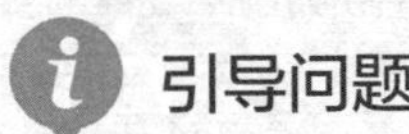

引导问题

（1）在教师的引导下，独立完成表 3-3 的填写。

表 3-3　　学习任务与学习活动简要归纳表

本次学习任务的名称	
本次学习任务的主要目标	
本次学习任务的活动内容	
本次学习活动的名称	
本次学习活动的主要目标	
你认为本次学习活动中，哪些目标的实现难度较大	

小贴士

从1790年英国托马斯发明第一台链式手摇缝纫机到如今，缝纫机的基本类型有链缝机与双针缝纫机两种。链缝机只用一条线，针眼引线穿过布料再拉出，在布料下形成一个线圈，等第二针再形成线圈时，由针钩将旧圈拉过新圈而成链。双针缝纫机则使用两条线，利用针尖上的孔眼，带线穿过布面，侧绕成圈，底线恰似织布的梭子人，从线圈中穿过，当针再向上时，两线便拉紧互锁。如今，世界上不同型号、不同用途的缝纫机已多达6 000余种，主要品种有普通机和特种机。

普通机：平缝机。

特种机：链缝机、绷缝机、包缝机、绣花机、锁眼机、钉扣机、绣花机、套结机、打褶机等。

查询与收集

（2）请你收集一些缝制工具的历史资料，说说缝制设备对服装行业发展的影响。

____

____

____

____

讨论

（3）请同学们在表3-4所示图片的下方写出缝纫机的名称与功能，想一想在男衬衫袖的制作过程中会用到哪些类型的缝纫机。

表3-4　　缝纫机识别表

缝纫机图片			
名称与功能			

续表

缝纫机图片	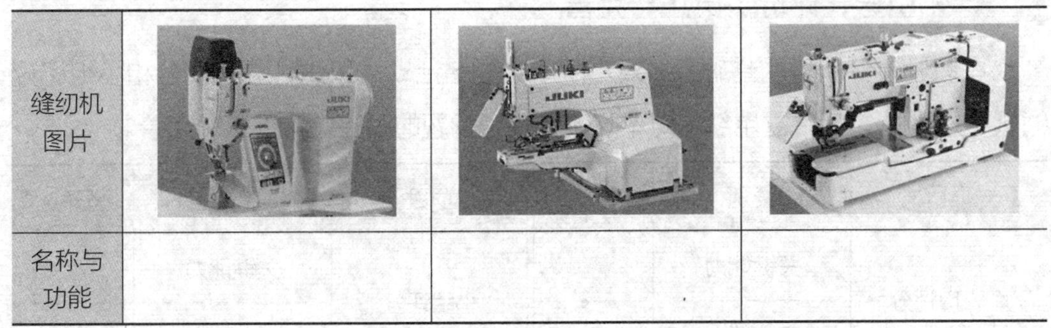		
名称与功能			

引导问题

（4）图 3-2 所示是工业缝纫机附件盒内的附件，请同学们在下方写出各标示附件的名称，并简要写出其功能。

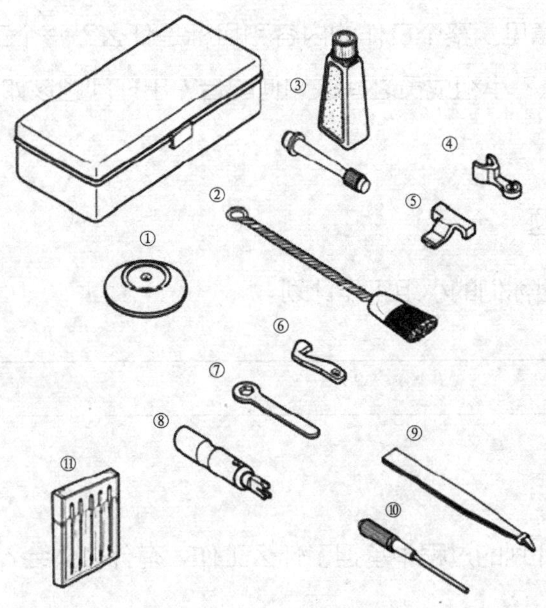

图 3-2　工业缝纫机附件

① ______________________　② ______________________

③ ______________________　④ ______________________

⑤ ______________________　⑥ ______________________

⑦ ______________________　⑧ ______________________

⑨ ______________________　⑩ ______________________

⑪ ______________________

引导、评价、更正与完善

在教师讲评引导的基础上，对本阶段的学习活动成果进行自我评分和小组评分（100 分制），之后独立用红笔对本阶段的引导问题的回答进行更正和完善。

项目	类别	分数	项目	类别	分数
个人自评分	关键能力		小组评分	关键能力	
	专业能力			专业能力	

（二）制订男衬衫袖制作计划并决策

1. 知识学习

学习制订计划的基本方法、内容和注意事项。

计划制订参考意见：整个工作的内容和目标是什么？整个工作分几步实施？工作过程中要注意什么？小组成员之间该如何配合？出现问题该如何处理？

2. 学习检验

引导问题

（1）请简要写出你们的小组工作计划。

____

____

引导问题

（2）你在制订计划的过程中承担了什么工作，有什么体会？

____

____

引导问题

（3）教师对于小组的计划给出了什么修改建议，为什么？

____

____

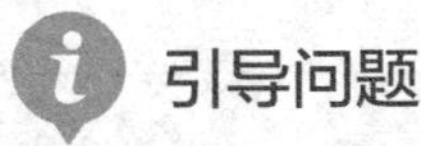

引导问题

（4）你认为计划中哪些地方比较难实施，为什么？你有什么想法？

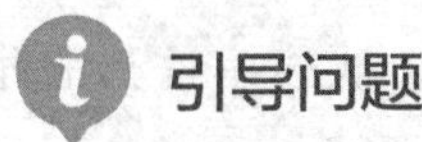

引导问题

（5）小组最终作出了什么决定？是如何作出的？

引导、评价、更正与完善

在教师讲评引导的基础上，对本阶段的学习活动成果进行自我评分和小组评分（100 分制），之后独立用红笔对本阶段的引导问题的回答进行更正和完善。

项目	类别	分数	项目	类别	分数
个人自评分	关键能力		小组评分	关键能力	
	专业能力			专业能力	

（三）男衬衫袖制作与检验

1. 知识学习

请同学们认真阅读男衬衫袖生产工艺单，然后回答以下引导问题。

引导问题

（1）简述男衬衫袖制作的工艺要求。

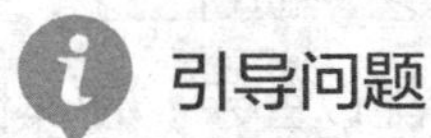

引导问题

（2）简述男衬衫袖的制作流程。

世界技能大赛链接

图 3–3 所示是第 45 届世界技能大赛时装技术项目国家集训队选手设计的作品。该作品袖子采用的是仿男衬衫的变化女衬衫袖设计。

图 3–3　仿男衬衫的变化女衬衫袖

2. 操作演示

请扫描二维码，观看男衬衫袖制作视频。

3. 技能训练

引导问题

（1）怎样编写生产工艺单？

成衣生产工艺单是由厂家根据客户的要求而制定的详细生产说明，用于指导生产。作为服装生产指导文件的生产工艺单必须具有完整性、准确性、适应性及可操作性，四者缺一不可；内容必须包含裁剪工艺、缝纫工艺、锁钉工艺、整烫工艺、包装工艺等全部规定；在文字难以描述准确的部位可配以图示，使其图文并茂，一目了然，并标出数据、缝制方法；措辞必须准确、严密，在说明工艺方法时，必须注明是哪一个部位；术语必须统一，一般要按照国家标准《服装术语》（GB/T 15557—2008）中的规范使用术语，以免产生误会，导致质量事故发生。

表 3-5 为某服装公司的生产工艺单，请同学们认真阅读表 3-1，在教师讲解的基础上，完成下表的填写。

表 3-5　　　　男衬衫生产工艺单

<table>
<tr><td>品名</td><td></td><td>数量</td><td></td><td>型号</td><td colspan="2">S（170/88）、M（175/92）、L（180/96）</td></tr>
<tr><td colspan="3">款式图</td><td rowspan="2">部位</td><td colspan="3">规格</td></tr>
<tr><td colspan="3" rowspan="7"></td><td>S</td><td>M</td><td>L</td></tr>
<tr><td>衣长</td><td>72 cm</td><td></td><td></td></tr>
<tr><td>胸围</td><td>110 cm</td><td></td><td></td></tr>
<tr><td>肩宽</td><td>39 cm</td><td></td><td></td></tr>
<tr><td>袖长</td><td>59 cm</td><td></td><td></td></tr>
<tr><td>袖口</td><td>26 cm</td><td></td><td></td></tr>
<tr><td>领围</td><td>39 cm</td><td></td><td></td></tr>
<tr><td colspan="7">生产制作描述</td></tr>
<tr><td>针距密度</td><td colspan="3"></td><td>倒顺</td><td colspan="2"></td></tr>
<tr><td>缝份</td><td colspan="3"></td><td>扣眼</td><td colspan="2"></td></tr>
<tr><td>分割</td><td colspan="3">后片过肩分割，左前片翻贴边门襟</td><td>门襟</td><td colspan="2">明缉线宽 0.5 cm，门襟宽 3.5 cm</td></tr>
<tr><td>贴袋</td><td colspan="3"></td><td>袖克夫</td><td colspan="2"></td></tr>
<tr><td colspan="7">重点技术、特殊工艺描述</td></tr>
<tr><td>工艺描述</td><td colspan="2">图示</td><td>工艺描述</td><td colspan="3">图示</td></tr>
<tr><td>衣领：</td><td colspan="2"></td><td>门襟：
1. 门襟为明门襟
2. 门襟的宽度为 3.5 cm
3. 门襟上明缉线宽 0.5 cm</td><td colspan="3"></td></tr>
</table>

续表

工艺描述	图示	工艺描述	图示
袖衩:		袖克夫:	

制作人		审核人		日期	

小贴士

生产工艺单编制的形式可以多种多样，但必须包含以下内容：

（1）基本资料：客户名称、款式、数量、交货期等。

（2）尺码细节：尺寸与码数、数量分配、颜色分配等。

（3）布料资料：组织 / 成分、名称、颜色、重量等。

（4）配料明细：纽扣、拉链、线、衬里等。

（5）制造规格要求（图文）：缝制工艺与要求、商标位置或其他要求。

（6）整烫工艺要求。

（7）成品检测与包装要求。

生产工艺单的作用是：

（1）指导生产：使管理人员了解产品的制作要求。

（2）标明各种资料：客户名称、款式、数量等。

（3）避免问题的产生：明确制作标准、细节等。

（4）给质量控制提供依据，稳定质量水平。

（5）储存资料，以备翻单时用。

查询与收集

（2）请同学们查阅相关学习材料或通过网络浏览，选择 2 ~ 3 款衬衫制作的生产工艺单，摘录其中袖子制作的工艺要求和流程。

____

____

____

小贴士

男衬衫袖属于圆袖，是标准的一片袖，由袖片、袖衩、袖克夫组成。袖衩一般是宝剑头袖衩，也有直袖衩；袖克夫有圆头或方头之分。袖头钉纽扣两粒，袖衩钉纽扣一粒。裁片包括袖片两片，袖头面、里、衬各两片，宝剑头袖衩大、小各两片或直袖衩两片。

引导问题

（3）请同学们填写图 3-4 所示袖子的各部位名称，并结合观看视频和教师讲解，说出这些部位的制作要点。

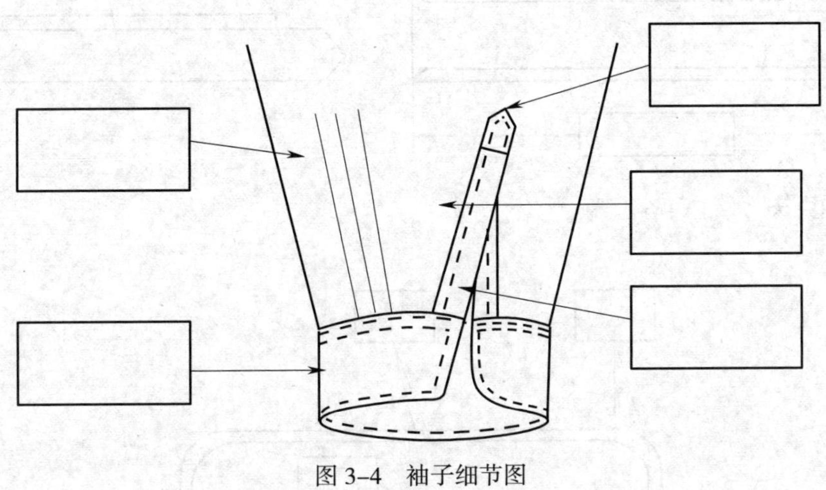

图 3-4　袖子细节图

引导问题

（4）扣烫袖衩、袖克夫时应注意什么？请独立回答，并在图 3-5 空格中填上对应位置的尺寸。

①里襟袖衩

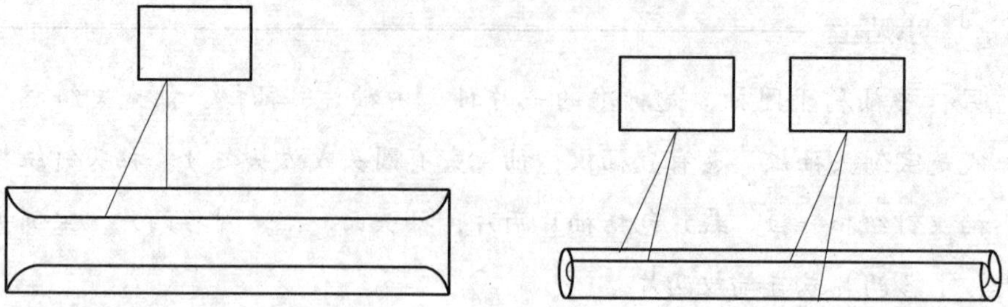

②门襟袖衩

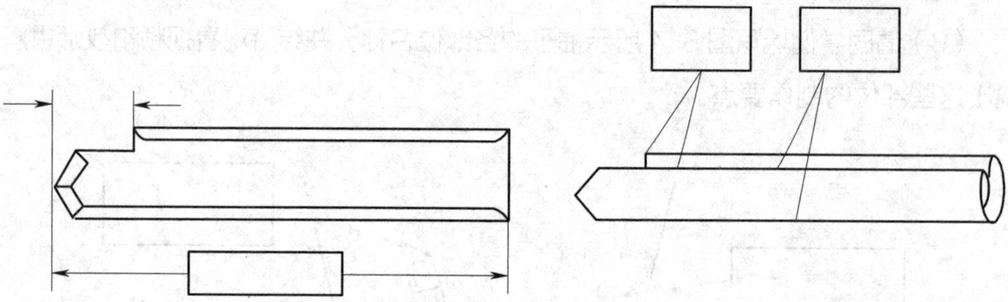

③袖克夫

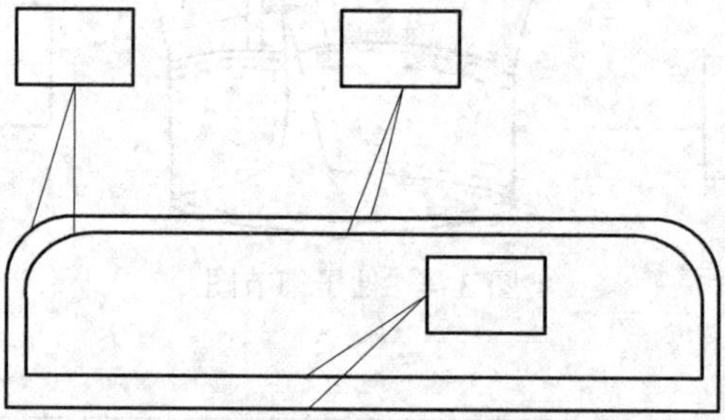

图 3-5　扣烫袖衩、袖克夫样板

引导问题

（5）图 3-6 所示为衣身与袖子的对位缝合图，请你在左边空白处画出衣片与袖片的对位点。

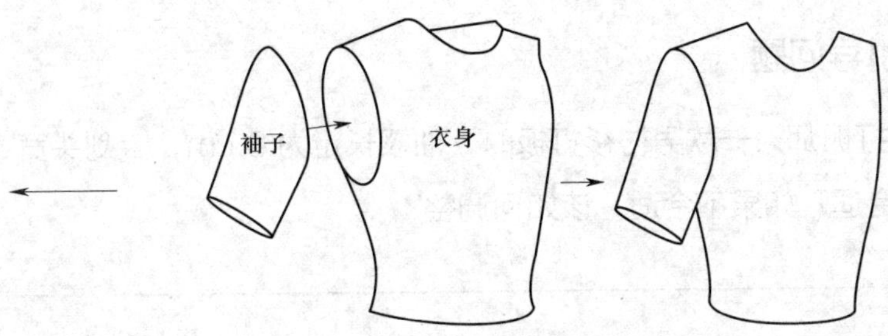

图 3-6 衣身、袖子对位缝合图

引导问题

（6）请同学们在教师的示范指导下，通过小组讨论、交流，独立完成表 3-6 的填写。

表 3-6 男衬衫袖缝制工艺

序号	工序名称	缝型代号	示意图	缝制方法	工艺要求
1	外层袖克夫反面粘衬				
2	扣烫外层袖克夫				
3	缉缝外层袖克夫上口，明线	5.31			
4	缉缝袖克夫	1.01			
5	熨烫袖克夫				
6	剪开袖衩开口				
7	扣烫袖衩				
8	缉缝袖衩里襟	3.05			
9	缉缝宝剑头袖衩	3.05			
10	缉缝宝剑头明线				
11	做袖口裥				
12	绱袖	2.04			
13	绱袖克夫	3.05			
14	合侧缝及袖缝	2.04			

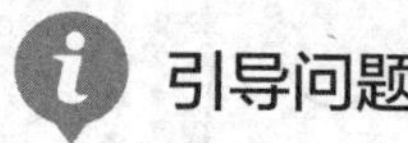

（7）某打板师为一款男衬衫打板时，袖衩长定为 8 cm，宝剑头宽 2 cm。请问该袖衩是否合适？如果不合适，该如何调整？

______

______

______

______

引导问题

（8）做圆头袖克夫时，袖克夫面、里缝合好后，教师要求修剪圆头部分后再翻转（见图 3-7），这是为什么？一般修剪后缝份为多少？修剪后圆头处还要打缺口吗？

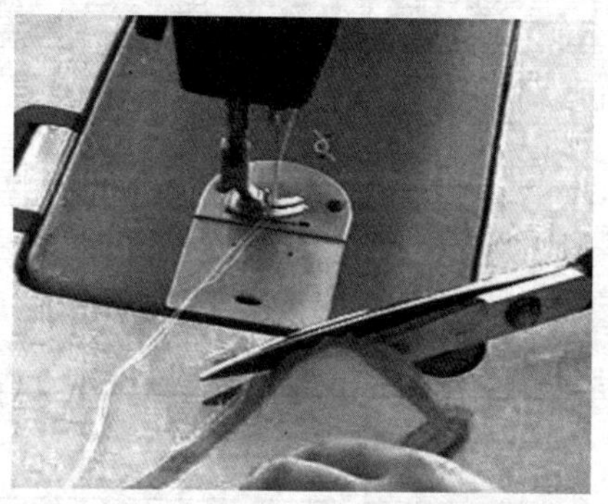

图 3-7　修剪圆头

______

______

______

______

引导问题

（9）男式衬衫绱袖及缝合袖底缝、摆缝一般都用包缝（见图 3-8），如何保证包缝平整？尤其是绱袖时要注意什么？

______

______

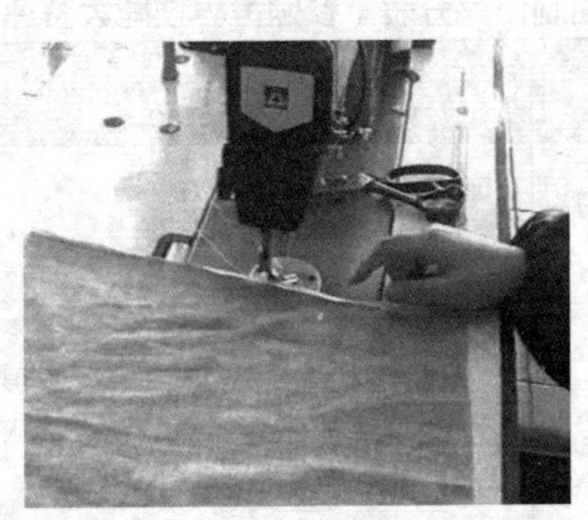

图 3-8　包缝

引导问题

（10）请同学们在教师的指导下，各自核对发放的材料及其种类（面料、里料、衬料、样板、辅料等）、数量、纱向，填写在表 3-7 中。

表 3-7　材料明细表

材料名称	材料种类	材料数量	材料纱向

4. 学习检验

训练

（1）请同学们在教师的指导下，参照世界技能大赛评分标准完成男衬衫袖成品的质量检验，独立填写表 3-8，并将男衬衫袖修改、调整到位。

表 3-8　　男衬衫袖制作评分表（参照世界技能大赛评分标准）

序号	分值	评分项目	评分内容	评分标准	得分
1	15	男衬衫袖的完成度	按照工艺要求完成制作	完成得分，未完成不得分	
2	15	整洁度	外观干净整洁、无脏斑、无过度熨烫、无熨烫不足、无线头、无破损	有一处错误扣5分，扣完为止	
3	20	规格	尺寸规格达到要求，袖长误差小于0.8 cm，袖口长误差小于0.3 cm；袖克夫长、宽误差小于0.3 cm，左右两侧对合互差小于0.5 cm；袖底十字缝误差小于0.3 cm；袖裥大小互差小于0.8 cm，袖裥长短互差小于0.5 cm；袖衩长、宽误差分别小于0.3 cm、0.1 cm；袖克夫边缘缉线宽0.25 cm，误差为0 cm	有一处错误扣5分，扣完为止	
4	10	裁片丝绺	裁片丝绺准确，有条格的面料需对条、对格	有一处错误扣5分，扣完为止	
5	10	线迹	线迹密度：16～18针/3厘米，误差小于2针/3厘米，线迹松紧适度，且中间无跳线、断线、接线	有一处错误扣5分，扣完为止	
6	20	外观	绱袖圆顺，无偏差，袖克夫面平挺，袖克夫里不起绺，袖衩平整，无毛漏	有一处错误扣5分，扣完为止	
7	10	工作区整洁	工作结束后，工作区要整理干净，物品摆放整齐，电源关闭	有一处错误扣5分，扣完为止	
合计得分					

引导问题

（2）请同学们以小组为单位，完成表 3-9 的填写。

表 3-9　　　　　　　　设备使用记录表

使用设备名称		是否正常使用	
		是	否，是如何处理的
裁剪设备			
缝制设备			
整烫设备			

引导、评价、更正与完善

在教师讲评引导的基础上，对本阶段的学习活动成果进行自我评分和小组评分（100 分制），之后独立用红笔对本阶段的引导问题的回答进行更正和完善。

项目	类别	分数	项目	类别	分数
个人自评分	关键能力		小组评分	关键能力	
	专业能力			专业能力	

（四）成果展示与评价反馈

1. 知识学习

男衬衫袖成品建议在干净的工作台上平面展示。

通过观察男衬衫袖外观是否干净整洁，绱袖是否圆顺、无偏差，袖克夫是否面平挺、里不起绺，袖衩是否平整、无毛漏等来判断其工艺质量是否达到要求；通过测量男衬衫袖袖长、袖克夫长和宽、袖衩长和宽来判断其尺寸是否符合要求，最终进行整体评价。

2. 技能训练

实践

（1）将男衬衫袖成品平铺在干净的工作台上进行平面展示。

自我评价

（2）依据表 3-8，对平铺展示的男衬衫袖进行自我评价和小组评价。

3. 学习检验

引导问题

（1）在教师的指导下，在小组内进行作品展示，然后经由小组讨论，推选出一组最佳作品，进行全班展示与评价，并由组长简要介绍推选的理由，小组其他成员补充并记录。

小组最佳作品制作人：______________

推选理由：____

____

____

其他小组评价意见：____

____

教师评价意见：____

____

引导问题

（2）将本次学习活动出现的问题及其产生的原因和解决的办法填写在表 3-10 中。

表 3-10　　问题分析表

出现的问题	产生的原因	解决的办法

自我评价

（3）将本次学习活动中自己最满意的地方和最不满意的地方各写一点，并简要说明原因，然后完成表 3-11 中相关内容的填写。

最满意的地方：____

最不满意的地方：____

表 3-11　　　　学习活动考核评价表

学习活动名称：男衬衫袖制作

班级：　　　　学号：　　　　姓名：　　　　指导教师：

评价项目	评价标准	评价依据	评价方式			权重	得分小计	总分
			自我评价	小组评价	教师（企业）评价			
			10%	20%	70%			
关键能力	1. 能穿戴劳保服装，遵守安全生产操作规程 2. 能参与小组讨论，制订计划，相互交流与评价 3. 能积极主动、勤学好问 4. 能清晰、准确地与相关人员进行沟通 5. 能清扫场地和机台，归置物品，填写设备使用记录	1. 课堂表现 2. 工作页填写				40%		
专业能力	1. 能区分不同的袖子类型 2. 能叙述男衬衫袖制作所用工具和设备的名称与功能 3. 能识读男衬衫袖生产工艺单，明确工艺要求，叙述其制作流程 4. 能在教师指导下，完成男衬衫袖制作的全过程 5. 能按照企业标准（或世界技能大赛评分标准）对男衬衫袖成品进行质量检验，并进行展示	1. 课堂表现 2. 工作页填写 3. 提交的作品				60%		
指导教师综合评价	指导教师签名：　　　　日期：							

三、学习拓展

说明：本阶段学习拓展建议课时为 2 ~ 4 课时，要求学生在课后独立完成。教师可根据本校的教学需要和学生的实际情况，选择部分或全部内容进行实践，也可另行选择相关拓展内容，亦可不实施本学习拓展，将其所省课时用于学习过程阶段实践内容的强化。

拓展

请同学们在教师指导下，通过小组讨论交流，完成图 3-9 所示的女衬衫袖的制作。该衬衫袖长 55 cm，袖克夫长、宽分别为 22 cm、4 cm，袖衩长 10 cm，袖衩宽 0.8 cm。

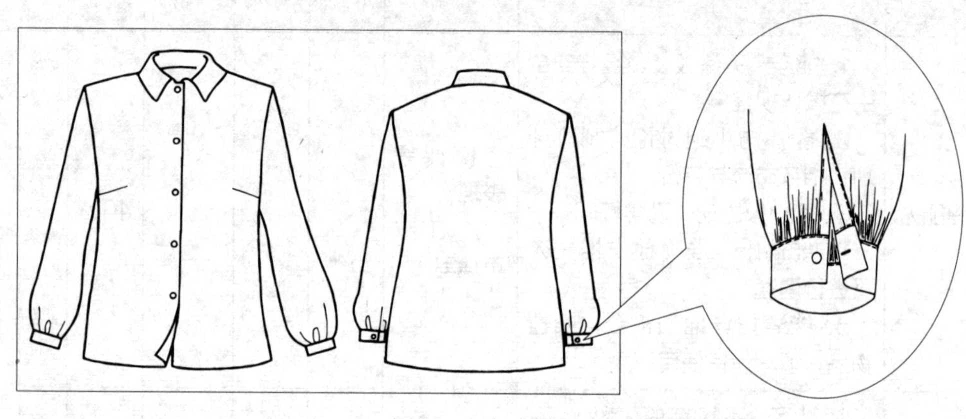

图 3-9　女式衬衫

查询与收集

请同学们通过查阅相关学习材料或企业生产工艺单，写出图 3-10 所示袖子的制作工艺要求和制作流程。

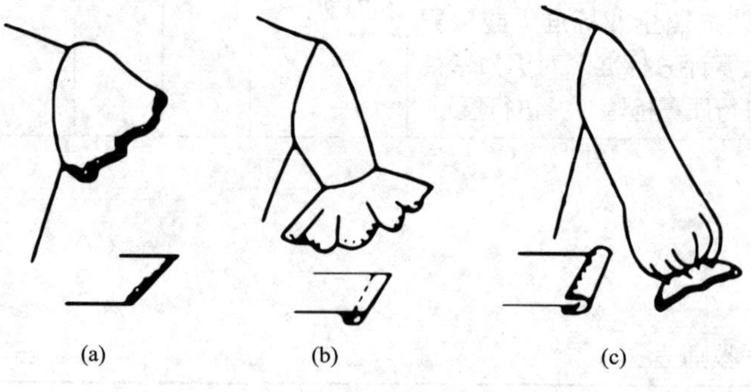

图 3-10　变化袖子

学习活动 2 西装袖制作

学习目标

1. 能严格遵守工作制度，服从工作安排，按要求准备好西装袖制作所需的工具、设备、材料与各项技术文件。

2. 能正确识读西装袖制作各项技术文件，明确西装袖制作的流程、方法和注意事项。

3. 能查阅相关技术资料，制订西装袖的制作计划，并在教师的指导下，通过小组讨论作出决策。

4. 能依据技术文件要求，结合西装袖制作规范，独立完成西装袖的制作、检查与复核工作。

5. 能按照企业标准（或世界技能大赛评分标准）对西装袖成品进行质量检验，并依据检验结果，将西装袖修改、调整到位。

6. 能记录西装袖制作过程中的疑难点，通过小组讨论、合作探究，或在教师的指导下，提出较为合理的解决办法。

7. 能展示、评价西装袖制作各阶段成果，并根据评价结果，作出相应反馈。

一、学习准备

1. 服装制作学习工作室、缝制设备、整烫设备。

2. 劳保服装、安全生产操作规程、生产工艺单（见表 3-12）、服装缝制工艺相关学习材料。

3. 分成学习小组（以英文大写字母命名，每组 5 ~ 6 人），分组信息填写在表 3-13 中。

表 3-12　　西装袖生产工艺单

部件名称	西装袖	
款式图与款式说明	款式图	款式说明： 1. 袖长 60 cm，袖口围 14.5 cm 2. 袖衩长 10 cm、宽 2 cm 3. 真袖衩，并有三粒扣
工艺要求	1. 线迹密度为 16 ~ 18 针 /3 厘米，误差小于 2 针 /3 厘米，线迹松紧适度、整齐、牢固，且中间无断线、无跳线 2. 尺寸规格达到要求，袖长误差小于 0.6 cm，袖口围误差小于 0.3 cm；袖衩长、宽误差分别小于 0.2 cm、0.1 cm 3. 绱袖圆顺，吃势均匀，前后适宜、对称，无起绺、无起吊 4. 两侧袖长一致，袖长左右对比互差小于 0.7 cm 5. 袖口大小一致，两侧袖口对比互差小于 0.5 cm 6. 袖衩缝顺直，两侧袖衩缝长短一致 7. 熨烫平服，无烫黄、变色，无水渍、污渍，无破损 8. 作品整洁、美观 9. 遵守各项规章制度，正确使用工具、设备	
制作流程	核对裁片→袖口烫衬，归拔袖片→做袖衩→缝合袖面侧缝→缝合袖里→缝合面里袖口→手针固定袖隆，绱袖→整烫、整理→质量检验	
备注		

表 3-13　　小组编号表

组号	组内成员及编号	组长姓名	组长编号	本人姓名	本人编号

提个醒

请同学们检查一下，你所使用的平缝机机面和工作台台面整洁吗？

二、学习过程

（一）明确工作任务、获取相关信息

1. 知识学习

小贴士

采用圆袖的二片袖衬衫与一片袖衬衫袖子结构原理基本相同，二片袖只是在一片袖结构的基础上前后增设两条结构线，将袖片中多余的量去掉，使袖子更符合人体胳膊的形态，达到更合体、更理想的效果。一片袖衬衫的活动性能好，容易穿脱，但在手臂下垂后会有很多褶皱，影响美观，多用于休闲、运动等宽松类型服装。而以形态美为主的礼服、西服、旗袍、职业服装等合体类服装则一般采用二片袖。二片袖的服装，袖山圆顺，袖子弯势好，袖型较窄，外形美观。

引导问题

（1）采用一片袖与二片袖的服装，袖子结构有何异同？

引导问题

（2）采用圆袖的服装大多有袖衩，为什么要有袖衩？袖衩的长度一般是多少？

引导问题

（3）请同学们仔细观察，西装袖的袖衩一般钉几粒扣？扣的位置是如何确定的呢？

引导问题

（4）很多服装厂里都有绱袖机，如图 3-11 所示，你会使用吗？它的优缺点有哪些？

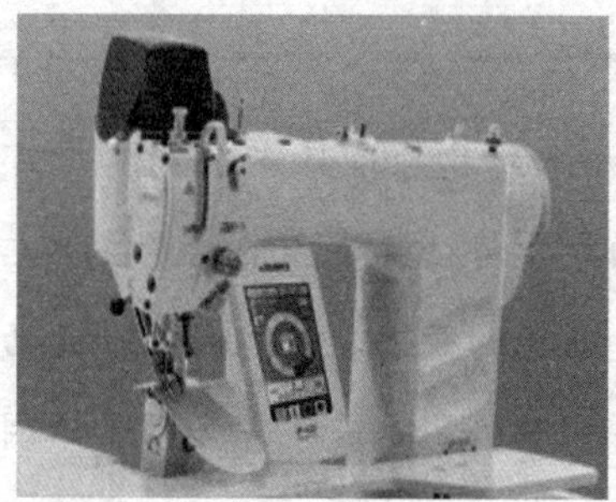
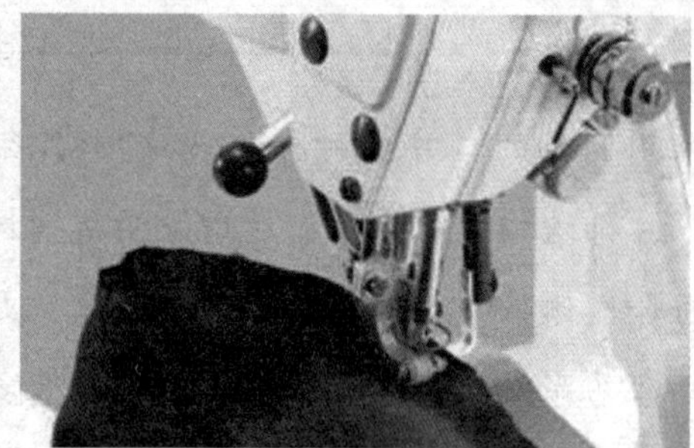

图 3-11　绱袖机

引导、评价、更正与完善

在教师讲评引导的基础上，对本阶段的学习活动成果进行自我评分和小组评分（100 分制），之后独立用红笔对本阶段的引导问题的回答进行更正和完善。

项目	类别	分数	项目	类别	分数
个人自评分	关键能力		小组评分	关键能力	
	专业能力			专业能力	

世界技能大赛链接

图 3-12 所示是第 46 届世界技能大赛时装技术项目全国选拔赛江苏选手卞燕的参赛作品。该作品袖子的设计就是采用了西服袖的式样。

图 3-12　采用西服袖式样的女外套

2. 学习检验

引导问题

（1）在教师的引导下，独立完成表 3-14 的填写。

表 3-14　　学习任务与学习活动简要归纳表

本次学习任务的名称	
本次学习活动的名称	
本次学习活动的主要目标	
你认为本次学习活动中，哪些目标的实现难度较大	

引导问题

（2）图 3-13 所示是滴液式电蒸汽熨斗，我们常用它定型服装零部件，请写出图中各标示部位的名称。

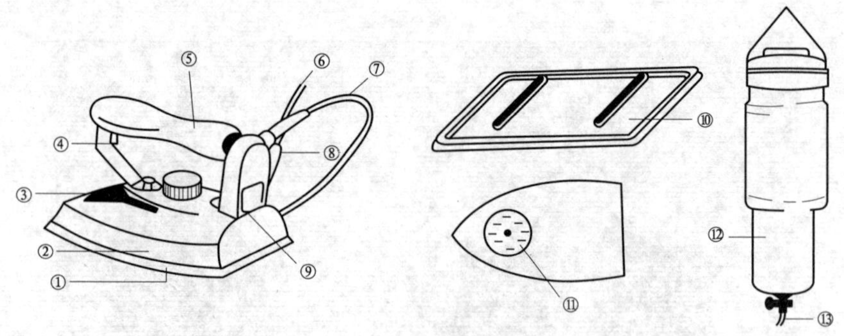

图 3-13　滴液式电蒸汽熨斗

① ________ ② ________ ③ ________
④ ________ ⑤ ________ ⑥ ________
⑦ ________ ⑧ ________ ⑨ ________
⑩ ________ ⑪ ________ ⑫ ________
⑬ ________

小贴士

滴液式电蒸汽熨斗常用于服装缝制过程的中间熨烫或服装零部件定型，也用于小型服装的成品熨烫，它的优缺点较为明显。

优点是：操作灵活，没有配套辅助设备。

缺点是：蒸汽喷射量少，温度低，压力小，有滴水现象。

讨论

（3）面料厚度不同，应该选择合适的机针规格。我们在缝制衣服时该怎样选择机针呢？请你和小组成员讨论后完成表 3-15 的填写。

表 3-15　机针与面料匹配表

机针号	面料
5 号	
7 ~ 8 号	
9 ~ 10 号	
11 ~ 12 号	
13 ~ 14 号	
15 号	

引导、评价、更正与完善

在教师讲评引导的基础上，对本阶段的学习活动成果进行自我评分和小组评分（100 分制），之后独立用红笔对本阶段的引导问题的回答进行更正和完善。

项目	类别	分数	项目	类别	分数
个人自评分	关键能力		小组评分	关键能力	
	专业能力			专业能力	

（二）制订西装袖制作计划并决策

1. 知识学习

学习制订计划的基本方法、内容和注意事项。

计划制订参考意见：整个工作的内容和目标是什么？整个工作分几步实施？工作过程中要注意什么？小组成员之间该如何配合？出现问题该如何处理？

2. 学习检验

引导问题

（1）请简要写出你们的小组工作计划。

____

____

____

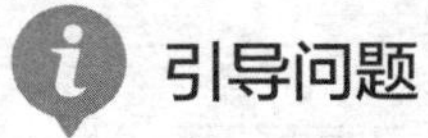

引导问题

（2）你在制订计划的过程中承担了什么工作，有什么体会？

____

____

引导问题

（3）教师对于小组的计划给出了什么修改建议，为什么？

____

____

 引导问题

（4）你认为计划中哪些地方比较难实施，为什么？你有什么想法？

 引导问题

（5）小组最终作出了什么决定？是如何作出的？

引导、评价、更正与完善

在教师讲评引导的基础上，对本阶段的学习活动成果进行自我评分和小组评分（100 分制），之后独立用红笔对本阶段的引导问题的回答进行更正和完善。

项目	类别	分数	项目	类别	分数
个人自评分	关键能力		小组评分	关键能力	
	专业能力			专业能力	

（三）西装袖制作与检验

1. 知识学习

请同学们认真阅读西装袖生产工艺单，然后回答以下引导问题。

 引导问题

（1）简述西装袖制作的工艺要求。

 引导问题

（2）简述西装袖的制作流程。

世界技能大赛链接

在第 46 届世界技能大赛时装技术项目江苏选拔赛中，就有对袖子制作的考评内容，具体见表 3-16。

表 3-16　　　　袖子制作考核评分表

<table>
<tr><td colspan="3">模块 D</td><td>女式风衣设计制作</td><td colspan="2">人台评分</td></tr>
<tr><td>序号</td><td colspan="2">分值</td><td>考评内容</td><td>评分标准</td><td>得分</td></tr>
<tr><td rowspan="3">M5</td><td rowspan="3">3</td><td></td><td>袖子</td><td rowspan="3">每处错误扣 0.5 分</td><td rowspan="3"></td></tr>
<tr><td>1</td><td>袖子制作整体平顺，袖里无扭曲，袖口无拉伸、不变形，袖长、袖口左右对称、一致</td></tr>
<tr><td>2</td><td>安装圆顺，无吃势不均，左右袖的前后方向对称、一致</td></tr>
</table>

2. 操作演示

请扫描二维码，观看西装袖制作视频。

3. 技能训练

引导问题

（1）图 3-14 所示是已打好线丁的大、小袖片，请你在图中画出归拔符号，并说明归拔时的注意要点。

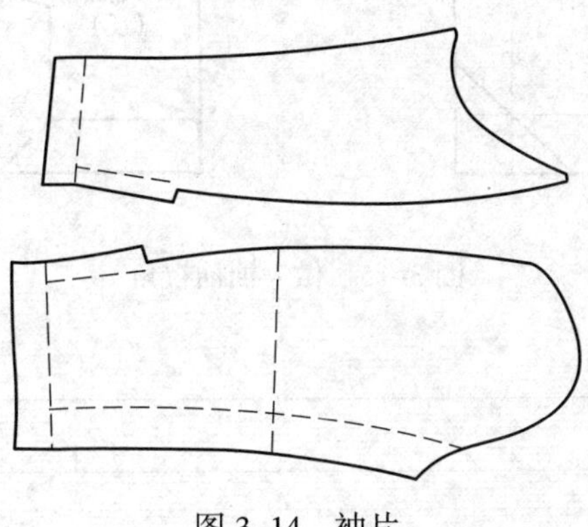

图 3-14　袖片

小贴士

拔、归、推的工艺性很强，服装加工中通过这种工艺使织物热塑变形和定型，达到对平面衣片的立体塑型效果。因此，使用这种工艺必须有相应的湿度，且熨烫部位要准确，符合人体曲线。

（1）拔，就是拔开，即将衣片某部位经过热处理后使其伸长。拔烫时，向需拔开的部位喷水，不拿熨斗的手拉紧衣片中需拔开的部位，同时用熨斗用力向拔长方向做弧线熨烫。应反复熨烫，直至达到所需效果。

（2）归，就是归缩，即通过热处理使衣片某部位缩短。归烫时，向需归缩的部位喷水，不拿熨斗的手固定衣片中需归缩的部位，同时用熨斗用力向归缩的方向推进做弧线熨烫。反复进行，直至达到所需效果。

（3）推，是归或拔的过程，即通过推熨斗实现归缩或拉伸。

引导问题

（2）根据西装袖工艺流程和工艺要求，结合观看视频和教师示范，简述大袖袖衩角的制作过程（见图 3-15）。

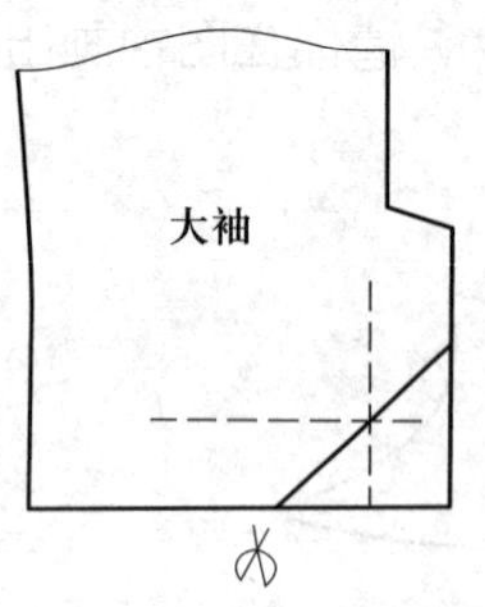

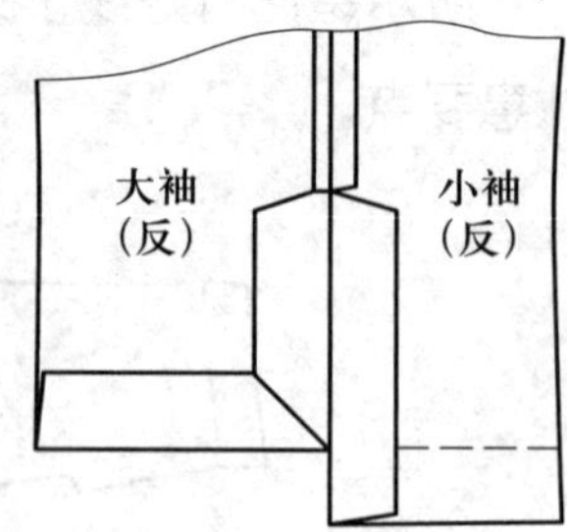

图 3-15　做大袖袖衩角

引导问题

（3）请你想一想，封缝袖衩角时（见图 3-16），需注意什么？

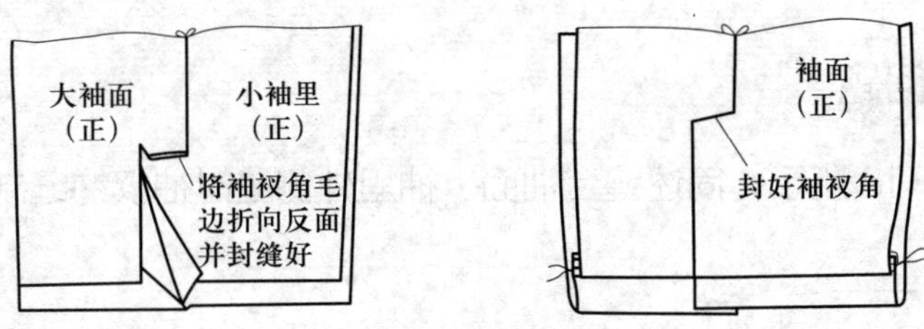

图 3-16　封缝袖衩角

引导问题

（4）为了绱袖圆顺，吃势均匀，绱袖前，需确定袖窿与袖山的对位点，请你在图 3-17 右侧画出袖片与衣片的对位图。

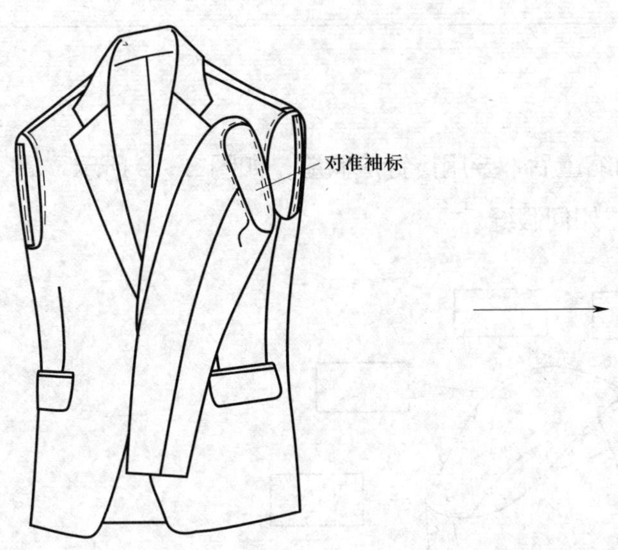

图 3-17　袖片与衣片对位图

引导问题

（5）在绱袖时，通常会垫一根袖牵条，这是为什么？对于袖牵条有何要求？

引导问题

（6）如图 3-18 所示，简述缝合袖面、袖里外侧缝时袖衩的缝制技巧。

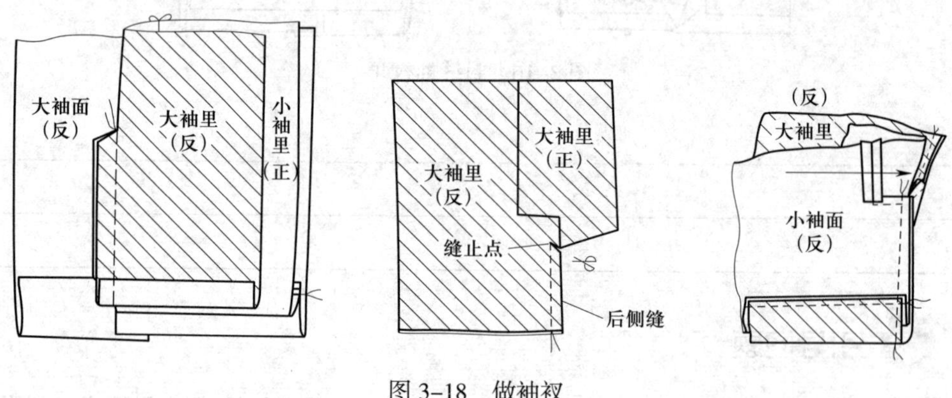

图 3-18　做袖衩

引导问题

（7）确定好衣袖位置及袖山抽缩量后，要用擦针法假缝，如图 3-19 所示，请你在空格中填写袖山吃势量，并简述如何假缝。

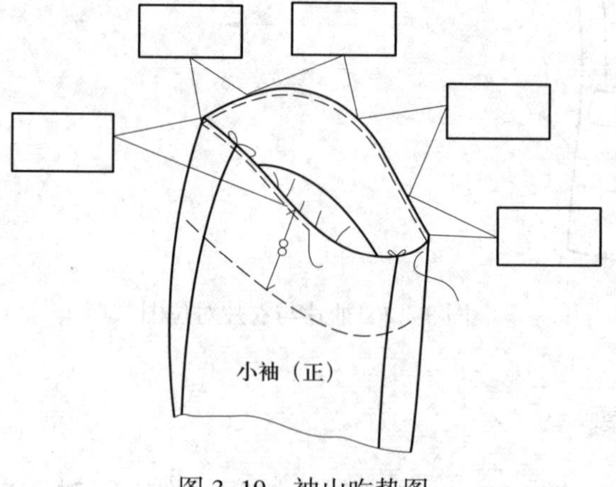

图 3-19　袖山吃势图

引导问题

（8）西装袖绱袖不圆顺，造成该现象在裁剪方面的原因是袖窿弧线同袖山弧线不匹配，在工艺操作方面的原因是什么？怎样解决？

引导问题

（9）请同学们在教师的指导下，各自核对发放的材料及其种类（面料、里料、衬料、样板、辅料等）、数量、纱向，填写在表 3-17 中。

表 3-17　材料明细表

材料名称	材料种类	材料数量	材料纱向

4. 学习检验

训练

（1）请同学们在教师的指导下，参照世界技能大赛评分标准完成西装袖成品的质量检验，独立填写表 3-18，并将西装袖修改、调整到位。

表 3-18　西装袖制作评分表（参照世界技能大赛评分标准）

序号	分值	评分项目	评分内容	评分标准	得分
1	15	西装袖的完成度	按照工艺要求完成制作	完成得分，未完成不得分	

续表

序号	分值	评分项目	评分内容	评分标准	得分
2	15	整洁度	外观干净整洁、无脏斑、无过度熨烫、无熨烫不足、无线头、无破损	有一处错误扣5分，扣完为止	
3	20	规格	尺寸规格达到要求，袖长60 cm，误差小于0.6 cm；袖口围14.5 cm，误差小于0.3 cm；袖衩长、宽分别为10 cm、2 cm，误差分别小于0.2 cm、0.1 cm	有一处错误扣5分，扣完为止	
4	10	裁片丝绺	裁片丝绺准确，有条格的面料需对条、对格	有一处错误扣5分，扣完为止	
5	10	线迹	线迹密度：16 ~ 18 针 /3 厘米，误差小于 2 针 /3 厘米，线迹松紧适度、整齐、牢固，且中间无断线、跳线	有一处错误扣5分，扣完为止	
6	20	外观	两袖长短一致；袖口大小一致；袖衩缝顺直，长短一致；袖里无扭曲；绱袖圆顺，前后适宜，吃势均匀，袖子无起绺、无起吊	有一处错误扣5分，扣完为止	
7	10	工作区整洁	工作结束后，工作区要整理干净，物品摆放整齐，电源关闭	有一处错误扣5分，扣完为止	
合计得分					

引导问题

（2）请同学们以小组为单位，完成表 3-19 的填写。

表 3-19　设备使用记录表

使用设备名称		是否正常使用	
		是	否，是如何处理的
裁剪设备			
缝制设备			
整烫设备			

引导、评价、更正与完善

在教师讲评引导的基础上，对本阶段的学习活动成果进行自我评分和小组评分（100 分制），之后独立用红笔对本阶段的引导问题的回答进行更正和完善。

项目	类别	分数	项目	类别	分数
个人自评分	关键能力		小组评分	关键能力	
	专业能力			专业能力	

（四）成果展示与评价反馈

1. 知识学习

西装袖成品建议在干净的工作台上平面展示或穿在人台上立体展示。

通过观察西装袖外观是否干净整洁，绱袖是否圆顺，前后是否适宜，袖子是否无起绺、无起吊现象等来判断其工艺质量是否达到要求；通过测量西装袖袖长、袖口围、袖衩长和宽来判断其尺寸是否符合要求；同时，还要比对两袖是否长短一致，是否袖口大小一致，最终进行总体评价。

世界技能大赛链接

图 3-20 所示是第 45 届世界技能大赛时装技术项目国家集训队选手设计的作品。该作品袖子采用的是变化女西装袖式样。

图 3-20　变化女西装袖上衣

2. 技能训练

实践

（1）将西服袖成品平铺在干净的工作台上进行平面展示，或穿在人台上进行立体展示。

自我评价

（2）依据表 3-18，对平铺展示和立体展示的西服袖成品进行自我评价和小组评价。

3. 学习检验

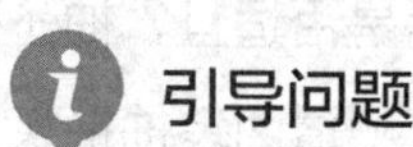

引导问题

（1）在教师的指导下，在小组内进行作品展示，然后经由小组讨论，推选出一组最佳作品，进行全班展示与评价，并由组长简要介绍推选的理由，小组其他成员补充并记录。

小组最佳作品制作人：____________________

推选理由：____

____

____

其他小组评价意见：____

____

____

教师评价意见：____

____

____

引导问题

（2）将本次学习活动出现的问题及其产生的原因和解决的办法填写在表 3-20 中。

表 3-20　　　　问题分析表

出现的问题	产生的原因	解决的办法

自我评价

（3）将本次学习活动中自己最满意的地方和最不满意的地方各写一点，并简要说明原因，然后完成表 3-21 中相关内容的填写。

最满意的地方：________________

最不满意的地方：________________

表 3-21　　　　学习活动考核评价表

学习活动名称：西装袖制作

班级：　　　　学号：　　　　姓名：　　　　指导教师：

评价项目	评价标准	评价依据	评价方式			权重	得分小计	总分
			自我评价	小组评价	教师（企业）评价			
			10%	20%	70%			
关键能力	1. 能穿戴劳保服装，遵守安全生产操作规程 2. 能参与小组讨论，制订计划，相互交流与评价 3. 能积极主动、勤学好问 4. 能清晰、准确地与相关人员进行沟通 5. 能清扫场地和机台，归置物品，填写设备使用记录	1. 课堂表现 2. 工作页填写				40%		

续表

评价项目	评价标准	评价依据	评价方式			权重	得分小计	总分
			自我评价	小组评价	教师（企业）评价			
			10%	20%	70%			
专业能力	1. 能区分不同的袖子类型 2. 能叙述西装袖制作所用工具和设备的名称与功能 3. 能识读西装袖生产工艺单，明确工艺要求，叙述其制作流程 4. 能在教师指导下，完成西装袖制作的全过程 5. 能按照企业标准（或世界技能大赛评分标准）对西装袖成品进行质量检验，并进行展示	1. 课堂表现 2. 工作页填写 3. 提交的作品				60%		
指导教师综合评价	指导教师签名：　　　日期：							

三、学习拓展

说明：本阶段学习拓展建议课时为 2 ~ 4 课时，要求学生在课后独立完成。教师可根据本校的教学需要和学生的实际情况，选择部分或全部内容进行实践，也可另行选择相关拓展内容，亦可不实施本学习拓展，将其所省课时用于学习过程阶段实践内容的强化。

拓展

请同学们在教师指导下，通过小组讨论交流，完成图 3-21 所示西装袖袖衩的制作。该西装袖袖衩长 10 cm、宽 3.5 cm。

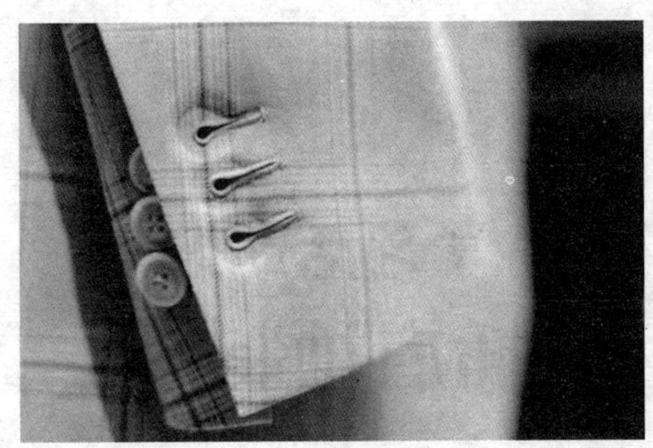

图 3–21　西装袖袖衩

查询与收集

请同学们通过查阅相关学习材料或企业生产工艺单，思考一下，真袖衩与装饰袖衩的区别与联系。

学习活动 3 插肩袖制作

学习目标

1. 能严格遵守工作制度，服从工作安排，按要求准备好插肩袖制作所需的工具、设备、材料与各项技术文件。

2. 能正确识读插肩袖制作各项技术文件，明确插肩袖制作的流程、方法和注意事项。

3. 能查阅相关技术资料，制订插肩袖的制作计划，并在教师的指导下，通过小组讨论作出决策。

4. 能依据技术文件要求，结合插肩袖制作规范，独立完成插肩袖的制作、检查与复核工作。

5. 能按照企业标准（或世界技能大赛评分标准）对插肩袖成品进行质量检验，并依据检验结果，将插肩袖修改、调整到位。

6. 能记录插肩袖制作过程中的疑难点，通过小组讨论、合作探究，或在教师的指导下，提出较为合理的解决办法。

7. 能展示、评价插肩袖制作各阶段成果，并根据评价结果，作出相应反馈。

一、学习准备

1. 服装制作学习工作室、缝制设备、整烫设备。

2. 劳保服装、安全生产操作规程、生产工艺单（见表 3-22）、服装缝制工艺相关学习材料。

3. 分成学习小组（以英文大写字母命名，每组 5 ~ 6 人），分组信息填写在表 3-23 中。

表 3-22　　插肩袖生产工艺单

部件名称	插肩袖	
款式图与款式说明	款式图	款式说明： 1. 袖长 62 cm，袖口围 32 cm 2. 袖袢长 7.5 cm、宽 4 cm 3. 明止口缉线宽 1 cm
工艺要求	1. 采用 14 号机针，线迹密度为 13 ~ 14 针 /3 厘米，误差小于 1 针 /3 厘米，线迹松紧适度 2. 尺寸规格达到要求，袖长误差小于 0.8 cm，袖口围误差小于 0.5 cm，袖袢长、宽误差分别小于 0.3 cm、0.1 cm 3. 绱袖圆顺，不起吊、不起绺 4. 前后袖底平服 5. 明止口缉线顺直，无断线、接线 6. 产品整洁，无污渍、水花、线头 7. 遵守各项规章制度，正确使用工具、设备	
制作流程	核对裁片，标记、定位→烫袖口衬→归拔袖片、衣片→做、装袖袢→缉缝袖中缝，缉明线→合袖底缝→做袖里→缝合袖面、袖里→绱袖→整烫、整理→质量检验	
备注		

表 3-23　　小组编号表

组号	组内成员及编号	组长姓名	组长编号	本人姓名	本人编号

提个醒

请同学们自己检查一下，你的缝制工具、熨烫工具都准备好了吗？

二、学习过程

（一）明确工作任务、获取相关信息

1. 知识学习

查询与收集

（1）请同学们通过网络和市场调查，选择几款不同的插肩袖服装，说说插肩袖的款式结构特点。

____

____

小贴士

插肩袖是指袖子和衣身肩部相连的一种袖型，设计者根据设计方案和消费者喜好把需借出的衣身部分与袖山连接在一起，形成了各种风格的插肩袖服装，如图 3–22 所示。

图 3–22　各种风格的插肩袖服装

引导问题

（2）想一想，插肩袖的袖片一般是几片？

____

____

引导、评价、更正与完善

在教师讲评引导的基础上，对本阶段的学习活动成果进行自我评分和小组评分（100分制），之后独立用红笔对本阶段的引导问题的回答进行更正和完善。

项目	类别	分数	项目	类别	分数
个人自评分	关键能力		小组评分	关键能力	
	专业能力			专业能力	

worldskills international 世界技能大赛链接

图3–23所示是第43届世界技能大赛时装技术项目获得铜牌选手陈碧华的参赛作品。该作品袖子采用的就是插肩袖。

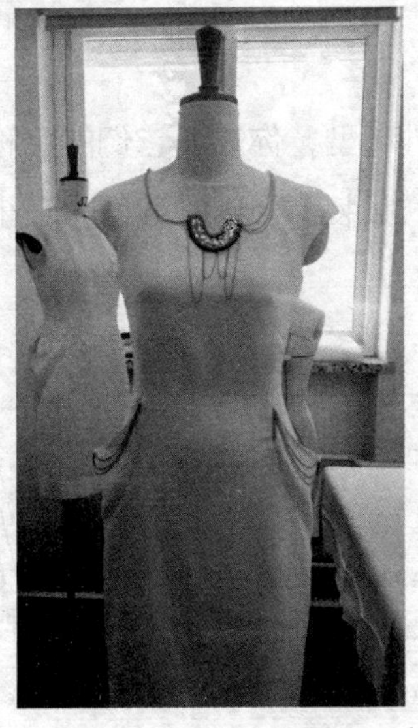

图3–23　插肩袖连衣裙

2. 学习检验

引导问题

（1）在教师的引导下，独立完成表 3-24 的填写。

表 3-24　　　　学习任务与学习活动简要归纳表

本次学习任务的名称	
本次学习活动的名称	
本次学习活动的主要目标	
你认为本次学习活动中，哪些目标的实现难度较大	

小贴士

缝型是指缝料和线迹在缝制过程中的相互配置方式。在国际标准中，根据缝合处缝料的形态和最少片数缝型可划分成 8 类，缝型的编号由 5 位阿拉伯数字表示，如 1.06.02。第一位数字表示缝型所属类型，第二位、第三位数字表示缝料的排列形态，第四位、第五位数字则表示缝线穿刺布片的部位和形式，或缝料之间的位置排列关系。

讨论

（2）图 3-24 所示的几种缝型，你知道它们的名称吗？它们分别适合用在服装什么部位？试分析自己穿着的服装上使用的缝型，在小组内交流，简要写出交流的结果。

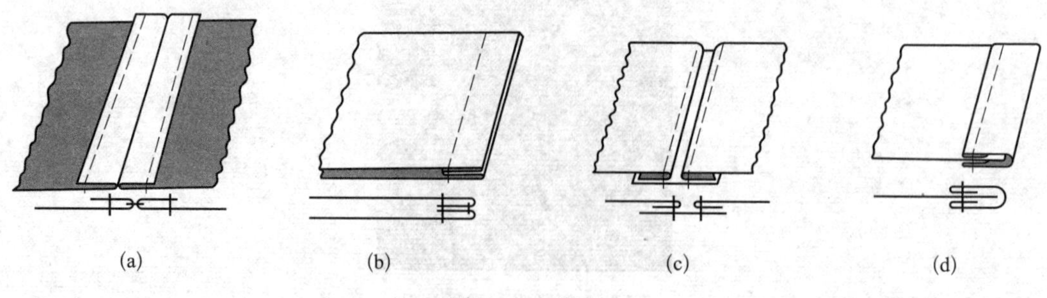

图 3-24　缝型

引导问题

（3）图 3-25 所示是常用的熨烫工具，请同学们说出这些工具的名称和作用。

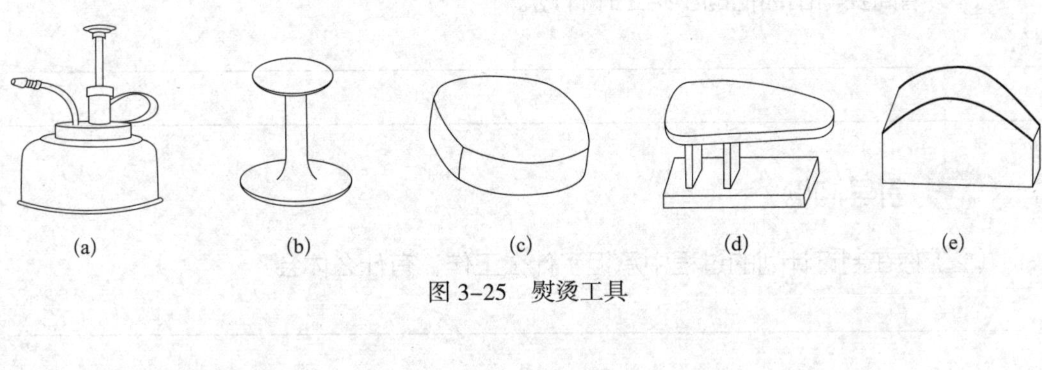

图 3-25　熨烫工具

引导、评价、更正与完善

在教师讲评引导的基础上，对本阶段的学习活动成果进行自我评分和小组评分（100 分制），之后独立用红笔对本阶段的引导问题的回答进行更正和完善。

项目	类别	分数	项目	类别	分数
个人自评分	关键能力		小组评分	关键能力	
	专业能力			专业能力	

（二）制订插肩袖制作计划并决策

1. 知识学习

学习制订计划的基本方法、内容和注意事项。

计划制订参考意见：整个工作的内容和目标是什么？整个工作分几步实施？工作过程中要注意什么？小组成员之间该如何配合？出现问题该如何处理？

2. 学习检验

请同学们认真阅读插肩袖生产工艺单，然后回答以下引导问题。

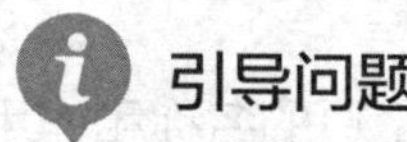

引导问题

（1）请简要写出你们的小组工作计划。

____

____

引导问题

（2）你在制订计划的过程中承担了什么工作，有什么体会？

____

____

引导问题

（3）教师对于小组的计划给出了什么修改建议，为什么？

____

____

引导问题

（4）你认为计划中哪些地方比较难实施，为什么？你有什么想法？

____

____

引导问题

（5）小组最终作出了什么决定？是如何作出的？

____

____

引导、评价、更正与完善

在教师讲评引导的基础上，对本阶段的学习活动成果进行自我评分和小组评分（100 分制），之后独立用红笔对本阶段的引导问题的回答进行更正和完善。

项目	类别	分数	项目	类别	分数
个人自评分	关键能力		小组评分	关键能力	
	专业能力			专业能力	

（三）插肩袖制作与检验

1. 知识学习

请同学们认真阅读插肩袖生产工艺单，然后回答以下引导问题。

引导问题

（1）简述插肩袖制作的工艺要求。

____

____

引导问题

（2）简述插肩袖的制作流程。

____

____

世界技能大赛链接

图 3-26 所示是第 45 届世界技能大赛时装技术项目获得金牌的选手温彩云和获得第三名的选手的参赛作品。这两组作品的袖子均按照比赛要求，采用了变化插肩袖的式样。

图 3-26　变化插肩袖大衣

2. 操作演示

请扫描二维码，观看插肩袖制作视频。

3. 技能训练

引导问题

（1）请你在图 3-27 所示的袖片上画出归拔符号，再想一想为什么要在袖中缝肩端敷上牵条？

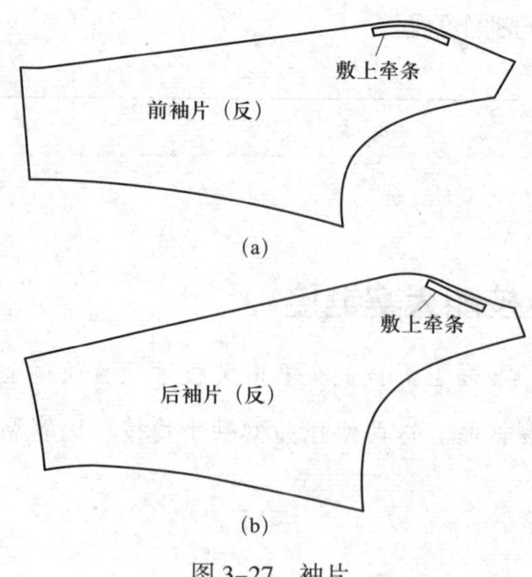

图 3-27　袖片

引导问题

（2）缉明止口线时，线迹要稍微偏松还是偏紧，为什么？

引导问题

（3）请同学们结合观看视频和教师示范，完成插肩袖的车缝与整烫，并独立回答以下问题。

①在袖口处烫衬的目的是什么？

②缝合袖中缝和袖底缝时，前袖片在上还是后袖片在上？为什么？

③肩头缝处是前袖片还是后袖片放层势？一般放多少？

④衣片和袖片的上段都是斜料，绱袖时有何技巧？

⑤绱袖时，分别在前、后领圈处起针，缉线至何处时收针？收针时可打倒回针吗？

引导问题

（4）绱袖前，要先确定袖子和衣片的对位点，如图 3-28 所示，对位点是如何确定的？

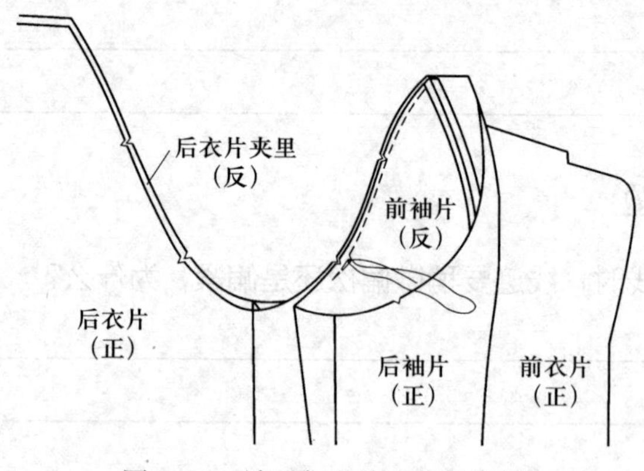

图 3-28　袖子与衣片对位示意图

引导问题

（5）选择一片式插肩袖、二片式插肩袖各 1 款，说出它们的造型特点和缝制流程。

一片式插肩袖：

二片式插肩袖：

引导问题

（6）请同学们在教师的指导下，各自核对发放的材料及其种类（面料、里料、衬料、样板、辅料等）、数量、纱向，填写在表 3-25 中。

表 3-25　材料明细表

材料名称	材料种类	材料数量	材料纱向

4. 学习检验

(1) 请同学们在教师的指导下，参照世界技能大赛评分标准完成插肩袖成品的质量检验，独立填写表 3-26，并将插肩袖修改、调整到位。

表 3-26　　插肩袖制作评分表（参照世界技能大赛评分标准）

序号	分值	评分项目	评分内容	评分标准	得分
1	15	插肩袖的完成度	按照工艺要求完成制作	完成得分，未完成不得分	
2	15	整洁度	外观干净整洁、无脏斑、无过度熨烫、无熨烫不足、无线头、无破损	有一处错误扣 5 分，扣完为止	
3	20	规格	尺寸规格达到要求，袖长 62 cm，误差小于 0.8 cm；袖口围 32 cm，误差小于 0.5 cm；袖袢长、宽分别为 7.5 cm、4 cm，误差分别小于 0.3 cm、0.1 cm	有一处错误扣 5 分，扣完为止	
4	10	裁片丝绺	裁片丝绺准确，有条格的面料需对条、对格	有一处错误扣 5 分，扣完为止	
5	10	线迹	线迹密度：13 ~ 14 针 /3 厘米，误差小于 1 针 /3 厘米，线迹松紧适度	有一处错误扣 5 分，扣完为止	
6	20	外观	绱袖圆顺，吃势均匀，袖子平整，袖中缝不起吊、不起绺，明止口缉线顺直，无断线、接线	有一处错误扣 5 分，扣完为止	
7	10	工作区整洁	工作结束后，工作区要整理干净，物品摆放整齐，关闭电源	有一处错误扣 5 分，扣完为止	
合计得分					

(2) 请同学们以小组为单位，完成表 3-27 的填写。

表 3-27　　　　　　　　　　　　设备使用记录表

使用设备名称		是否正常使用	
		是	否，是如何处理的
裁剪设备			
缝制设备			
整烫设备			

引导、评价、更正与完善

在教师讲评引导的基础上，对本阶段的学习活动成果进行自我评分和小组评分（100 分制），之后独立用红笔对本阶段的引导问题的回答进行更正和完善。

项目	类别	分数	项目	类别	分数
个人自评分	关键能力		小组评分	关键能力	
	专业能力			专业能力	

（四）成果展示与评价反馈

1. 知识学习

插肩袖成品建议在干净的工作台上平面展示或穿在人台上立体展示。

通过观察插肩袖外观是否干净整洁，绱袖是否圆顺，吃势是否均匀，袖子是否平整，袖中缝是否起吊、起绺，缉线是否顺直，缉线是否有断线、接线等现象来判断其工艺质量是否达到要求；通过测量袖长、袖口围、袖袢长和宽来判断其尺寸是否符合要求；同时，还要比对两袖是否长短一致，袖口大小是否一致，袖袢左右是否对称，最终进行整体评价。

世界技能大赛链接

图 3-29 所示是第 44 届世界技能大赛时装技术项目获得全国选拔赛第二名的选手李浩栋（广东）的训练作品和参赛作品。该作品袖子采用的就是插肩袖。

图 3-29　变化插肩袖上衣

2. 技能训练

实践

（1）将插肩袖成品平铺在干净的工作台上进行平面展示，或穿在人台上进行立体展示。

自我评价

（2）依据表 3-26，对平铺展示和立体展示的插肩袖成品进行自我评价和小组评价。

3. 学习检验

引导问题

（1）在教师的指导下，在小组内进行作品展示，然后经由小组讨论，推选出一组最佳作品，进行全班展示与评价，并由组长简要介绍推选的理由，小组其他成员做补充并记录。

小组最佳作品制作人：________________

推选理由：____

____

____

其他小组评价意见：____

____

____

教师评价意见：________________________________

____

____

引导问题

（2）将本次学习活动出现的问题及其产生的原因和解决的办法填写在表 3-28 中。

表 3-28　　问题分析表

出现的问题	产生的原因	解决的办法

自我评价

（3）将本次学习活动中自己最满意的地方和最不满意的地方各写一点，并简要说明原因，然后完成表 3-29 中相关内容的填写。

最满意的地方：________________________________

最不满意的地方：______________________________

表 3-29　　学习活动考核评价表

学习活动名称：插肩袖制作

班级：　　学号：　　姓名：　　指导教师：

评价项目	评价标准	评价依据	评价方式			权重	得分小计	总分
			自我评价	小组评价	教师（企业）评价			
			10%	20%	70%			
关键能力	1. 能穿戴劳保服装，遵守安全生产操作规程 2. 能参与小组讨论，制订计划，相互交流与评价	1. 课堂表现				40%		

续表

评价项目	评价标准	评价依据	评价方式			权重	得分小计	总分
			自我评价	小组评价	教师（企业）评价			
			10%	20%	70%			
关键能力	3. 能积极主动、勤学好问 4. 能清晰、准确地与相关人员进行沟通 5. 能清扫场地和机台，归置物品，填写设备使用记录	2. 工作页填写						
专业能力	1. 能区分不同的袖子类型 2. 能叙述插肩袖制作所用工具和设备的名称与功能 3. 能识读插肩袖生产工艺单，明确工艺要求，叙述其制作流程 4. 能在教师指导下，完成插肩袖制作的全过程 5. 能按照企业标准（或世界技能大赛评分标准）对插肩袖成品进行质量检验，并进行展示	1. 课堂表现 2. 工作页填写 3. 提交的作品				60%		
指导教师综合评价	指导教师签名：　　　　日期：							

三、学习拓展

说明：本阶段学习拓展建议课时为 2 ~ 4 课时，要求学生在课后独立完成。教师可根据本校的教学需要和学生的实际情况，选择部分或全部内容进行实践，也可另行选择相关拓展内容，亦可不实施本学习拓展，将其所省课时用于学习过程阶段实践内容的强化。

拓展

请同学们在教师指导下，通过小组讨论交流，完成图 3-30 所示服装的插肩连袖的制作。该服装袖长 56 cm，袖口围 27 cm。

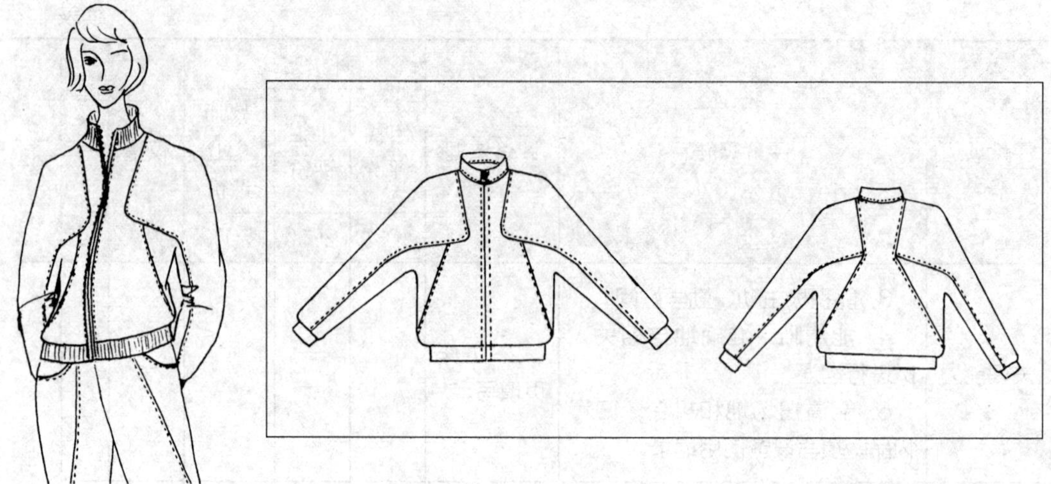

图 3-30　插肩连袖服装

查询与收集

请同学们通过查阅相关学习材料或企业生产工艺单，选择 1 ~ 2 个关于插肩袖制作的生产工艺单，摘录其工艺要求和制作流程。

学习任务四

门襟、里襟制作

学习目标

1. 能读懂门襟、里襟制作生产工艺单，明确加工内容、数量及工期等要求。

2. 能仔细查看门襟、里襟制作生产工艺单的内容，明确门襟、里襟制作标准和工艺要求，按要求领取工具和材料。

3. 能根据门襟、里襟结构特点、工艺要求和面料特性，合理选择、调试、使用加工设备，按照安全生产操作规程，实施安全操作。

4. 能根据任务要求，合理选择工艺制作方法，独立完成门襟、里襟制作，做到缉线顺直、缝份一致、点位对齐、丝绺平顺、熨烫到位。

5. 能使用专业术语与相关人员有效沟通，高效地解决制作过程中的技术问题。

6. 能按照门襟、里襟质量检验标准（可参考世界技能大赛时装技术项目标准）对门襟、里襟部件进行自检、修改，确保产品质量。

7. 能正确保养设备并认真填写“设备保养记录表”。

8. 在工作过程中，能遵守“8S”管理规定，逐渐养成认真负责、规范有序、严谨细致的良好职业素养。

建议课时

12 学时。

学习任务描述

在生产车间，班组长安排某作业人员在流水线上负责服装的门襟、里襟制作。该作业人员在车缝机位上，依据生产工艺单的具体要求，领取门襟、里襟裁片，独立完成门襟、里襟裁片核对，标记、定位，车缝，整烫和质量检验等工序，并将完成的工件交由下一道工序的作业人员。

学习活动

1. 明门襟制作。

2. 暗门襟制作。

学习活动 1 明门襟制作

学习目标

1. 能严格遵守工作制度，服从工作安排，按要求准备好明门襟制作所需的工具、设备、材料与各项技术文件。

2. 能正确识读明门襟制作各项技术文件，明确明门襟制作的流程、方法和注意事项。

3. 能查阅相关技术资料，制订明门襟的制作计划，并在教师的指导下，通过小组讨论作出决策。

4. 能依据技术文件要求，结合明门襟制作规范，独立完成明门襟的制作、检查与复核工作。

5. 能按照企业标准（或世界技能大赛评分标准）对明门襟成品进行质量检验，并依据检验结果，将明门襟修改、调整到位。

6. 能记录明门襟制作过程中的疑难点，通过小组讨论、合作探究，或在教师的指导下，提出较为合理的解决办法。

7. 能展示、评价明门襟制作各阶段成果，并根据评价结果，作出相应反馈。

一、学习准备

1. 服装制作学习工作室、缝制设备、整烫设备。

2. 劳保服装、安全生产操作规程、生产工艺单（见表 4-1）、服装缝制工艺相关学习材料。

3. 分成学习小组（以英文大写字母命名，每组 5 ~ 6 人），分组信息填写在表 4-2 中。

表 4-1　　男衬衫明门襟生产工艺单

<table>
<tr><td>部件名称</td><td colspan="2">男衬衫明门襟</td></tr>
<tr><td>款式图与
款式说明</td><td>款式图</td><td>款式说明：
1. 门襟宽 3.5 cm
2. 里襟宽 2.5 cm
3. 门襟明缉线宽 0.5 cm</td></tr>
<tr><td>工艺要求</td><td colspan="2">1. 缝制采用 11 号机针，线迹密度为 16 ~ 18 针 /3 厘米，误差小于 2 针 /3 厘米，线迹松紧适度，且中间无跳线、断线、接线
2. 尺寸规格达到要求，门襟、里襟上下宽窄一致，误差小于 0.2 cm；门襟、里襟长短一致，误差小于 0.2 cm，门襟不短于里襟；门襟、里襟宽度误差小于 0.1 cm；门襟明缉线宽误差为 0 cm
3. 止口顺直、平服、不外吐
4. 产品整洁，无污渍、水花、线头
5. 遵守各项规章制度，正确使用工具、设备</td></tr>
<tr><td>制作流程</td><td colspan="2">核对裁片，标记、定位→烫衬，扣烫门襟、里襟→缝合门襟与衣片→缉明线→做里襟→整烫、整理→质量检验</td></tr>
<tr><td>备注</td><td colspan="2"></td></tr>
</table>

表 4-2　　小组编号表

组号	组内成员及编号	组长姓名	组长编号	本人姓名	本人编号

提个醒

请同学们检查一下，地面是否有机油、污水等，如果有，请立刻打扫，以免有人滑倒。

二、学习过程

（一）明确工作任务、获取相关信息

1. 知识学习

引导问题

（1）请同学们自己想一想，我们日常穿着的服装，门襟、里襟的款式有哪些?

小贴士

门襟是服装较醒目的部件之一，款式千变万化，它和衣领、口袋互相衬托，展示服装不同的风格。里襟是指钉扣的衣片。门襟、里襟重叠的部分称搭门，搭门的宽度一般在 1.7 ~ 8 cm 之间，它的宽窄受服装的款式、面料的厚薄及纽扣大小的影响。成衣门襟的作用有：

（1）使服装容易穿脱。门襟可以充当服装的入口或出口，使穿着者穿脱更为方便。

（2）使服装合体。门襟、里襟扣合后，可以使服装贴合穿着者的身体。

（3）可作为一种装饰。门襟也可作为服装的设计元素之一。

引导问题

（2）图 4-1 所示的服装你比较喜欢哪一款？你觉得它的门襟有什么特色?

图 4–1　各种门襟的服装

小贴士

开襟是为服装的穿脱方便而设计的，其形式多种多样。

（1）开襟按对接方式分类可分为对合襟、对称门襟、非对称门襟。对合襟是没有搭门的开襟；对称门襟及非对称门襟是有搭门的开襟，分左右两襟，锁扣眼的一边称门襟，钉扣子的一边称里襟。

（2）开襟有单搭门开襟和双搭门开襟之分。有单排纽扣的开襟称为单搭门开襟，单搭门开襟门襟宽度通常在 1.7 ~ 2.5 cm 之间；有双排纽扣的开襟称为双搭门开襟，其门襟宽度一般在 8 cm 左右。

（3）开襟按线条类型分类可分为直线门襟、斜线门襟和曲线门襟等。

（4）开襟按门襟长度分类可分为半开门襟和全开门襟。

（5）开襟按其在衣服上的位置分类可分为前身开襟、后身开襟、肩部开襟及腋下开襟等。

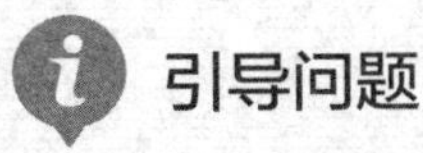

引导问题

（3）请同学们想一想，门襟、里襟的扣合除了用纽扣，还可以用什么呢？

____

____

____

引导、评价、更正与完善

在教师讲评引导的基础上，对本阶段的学习活动成果进行自我评分和小组评分（100 分制），之后独立用红笔对本阶段的引导问题的回答进行更正和完善。

项目	类别	分数	项目	类别	分数
个人自评分	关键能力		小组评分	关键能力	
	专业能力			专业能力	

worldskills international

世界技能大赛链接

图 4–2 所示是第 43 届世界技能大赛时装技术项目国家集训队“十进五”比赛中选手的参赛作品。该作品上衣采用的就是明门襟设计。

图 4–2　明门襟上衣

2. 学习检验

（1）在教师的引导下，独立完成表 4-3 的填写。

表 4-3　学习任务与学习活动简要归纳表

本次学习任务的名称	
本次学习任务的主要目标	
本次学习任务的活动内容	
本次学习活动的名称	
本次学习活动的主要目标	
你认为本次学习活动中，哪些目标的实现难度较大	

引导问题

（2）粘合衬是高、中、低档服装使用最普遍的衬料，粘合衬的粘合方法有手工粘合和机器粘合两种。图 4-3 所示是粘合机，请同学们写出粘合机的使用方法和使用技巧。

图 4-3　粘合机

引导问题

（3）请同学们在教师的指导下准备好相应的缝线，查阅相关学习材料，进行小组讨论，并独立回答以下几个问题。

①棉线编号越大，棉线是越粗还是越细？合成纤维缝线呢？

②缝线包装有哪几种？

③选择缝线需考虑什么因素？

④合成纤维缝线有什么特点？

⑤真丝缝线一般用于什么服装？

小贴士

成衣生产流程图是服装生产中不可缺少的文件资料，它是生产制造通知单中的重要组成部分。成衣生产流程图中有开裁裁片、流程线、设备符号、工序序号、工序名称、工序的标准时间等信息。

成衣生产流程图必须注明投产裁片的名称，同时要求主线明确。成衣生产流程图一般以其中一种主要的部件生产为主线，其余的零部件生产为辅线，最终全部都汇总于主线。流程线包括直线和转折线，直线表示部件制作流程，转折线表示部件缝合的先后顺序；工序序号的编写应先从主线上的工序开始，并遵循先上后下、先主后次、先左后右的原则，由同一工人操作的工序用统一的序号标识；工序名称就是该工序的操作名称，要求简明扼要，清晰明了；设备符号既可以沿用工厂以往习惯的识别符号，也可以采用新的符号表示；工序的标准时间是工人完成该工序所需的时间，一般按普通工人生产效率的平均值来确定每一个工序的标准时间。工序的编排与合成以简单、方便为原则。

引导问题

（4）图 4-4 所示为某服装公司的男衬衫生产流程图，请同学们在教师指导下，识读该流程图，并填写表 4-4。

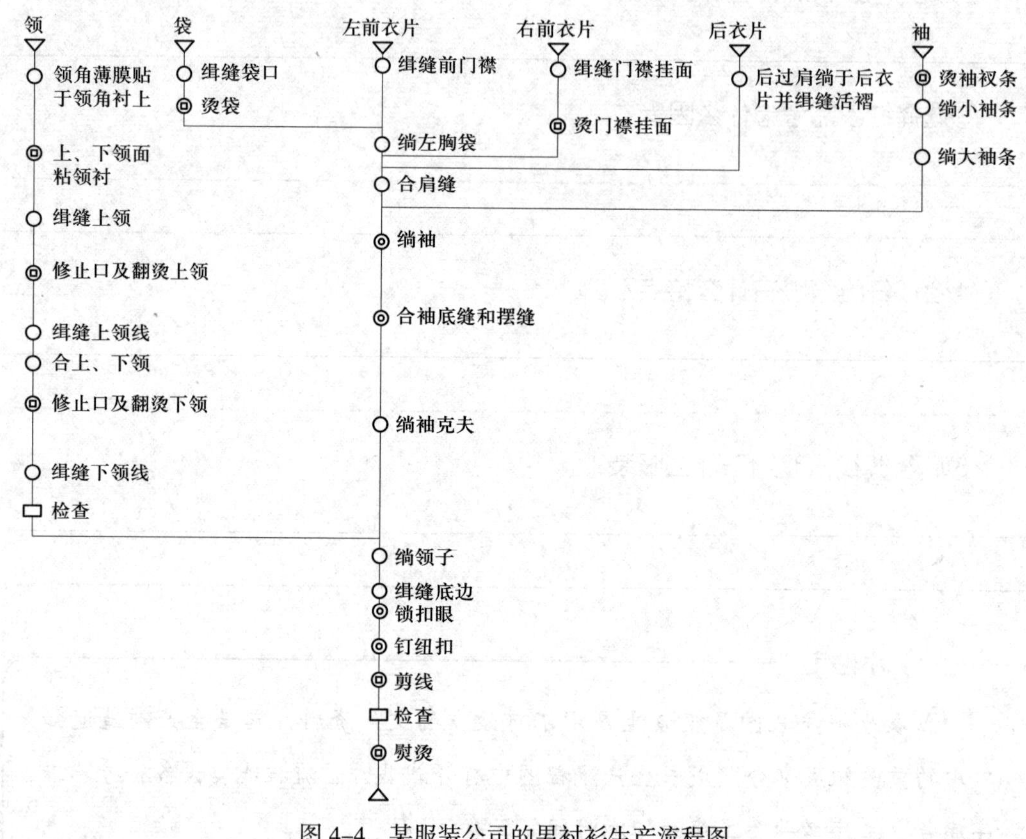

图 4-4　某服装公司的男衬衫生产流程图

表 4-4　　流程图符号及其含义

符号	含义
▽	
○	
◎	
◎	
□	

查询与收集

（5）请同学们查阅相关学习材料，选择 2 款服装明门襟制作的生产工艺单，摘录其工艺要求和制作流程。

____

____

引导问题

（6）请同学们仔细观察样衣，根据表 4-1，想一想男衬衫明门襟缝制的重点和难点。

____

____

引导、评价、更正与完善

在教师讲评引导的基础上，对本阶段的学习活动成果进行自我评分和小组评分（100 分制），之后独立用红笔对本阶段的引导问题的回答进行更正和完善。

项目	类别	分数	项目	类别	分数
个人自评分	关键能力		小组评分	关键能力	
	专业能力			专业能力	

（二）制订明门襟制作计划并决策

1. 知识学习

学习制订计划的基本方法、内容和注意事项。

计划制订参考意见：整个工作的内容和目标是什么？整个工作分几步实施？工作过程中要注意什么？小组成员之间该如何配合？出现问题该如何处理？

2. 学习检验

引导问题

（1）请简要写出你们的小组工作计划。

____

____

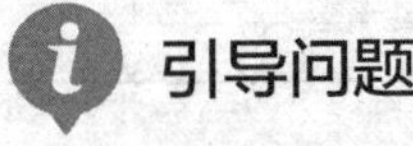

引导问题

（2）你在制订计划的过程中承担了什么工作，有什么体会？

引导问题

（3）教师对于小组的计划给出了什么修改建议，为什么？

引导问题

（4）你认为计划中哪些地方比较难实施，为什么？你有什么想法？

引导问题

（5）小组最终作出了什么决定？是如何作出的？

引导、评价、更正与完善

在教师讲评引导的基础上，对本阶段的学习活动成果进行自我评分和小组评分（100 分制），之后独立用红笔对本阶段的引导问题的回答进行更正和完善。

项目	类别	分数	项目	类别	分数
个人自评分	关键能力		小组评分	关键能力	
	专业能力			专业能力	

（三）明门襟制作与检验

1. 知识学习

请同学们认真阅读男衬衫明门襟生产工艺单，然后回答以下引导问题。

引导问题

（1）简述男衬衫明门襟制作的工艺要求。

引导问题

（2）简述男衬衫明门襟的制作流程。

2. 操作演示

请扫描二维码，观看明门襟制作视频。

3. 技能训练

引导问题

（1）请同学们检查发给自己的材料，结合观看视频和教师示范，回答下面问题。

①左前片和右前片的门襟、里襟宽度一样吗？哪一片宽？

②我们常说的“男左女右”在上衣制作中指的是什么？

③你领到的裁片齐全吗？都有哪些裁片？

④门襟、里襟可以用斜丝面料吗？什么情况下会用斜丝面料？

引导问题

（2）图 4-5 所示为做里襟示意图，请同学们在教师的指导下完成里襟车缝与整烫，并简要叙述里襟的缝制工艺。

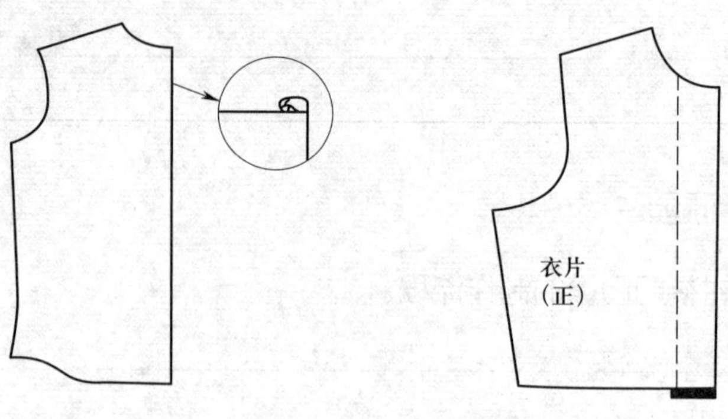

图 4-5　做里襟示意图

引导问题

（3）请同学们在教师的示范指导下，独立完成表 4-5 的填写。

表 4-5　门襟缝制工艺单

工艺示意图	操作编号	工艺内容	缝型及工艺方法	工艺要求

引导问题

（4）如何确定男衬衫扣眼的位置？扣眼一般多大？

小贴士

服装制作中锁扣眼和钉纽扣通常由机器完成。扣眼根据其形状可分为平头扣眼和圆头扣眼，俗称睡孔和鸽眼孔，如图 4–6 所示。平头扣眼普遍用于衬衣、裙子、裤子等面料较薄的服装上；圆头扣眼多用于大衣、西装等面料较厚的服装上。

平头扣眼

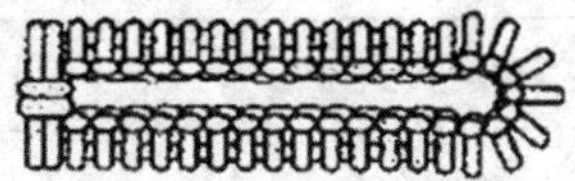
圆头扣眼

图 4–6　不同种类的扣眼

手工锁圆头扣眼时，先将扣眼的位置画好，再沿扣眼边缘 0.3 cm 左右处缝两行衬线；从扣眼的尾端起针，边锁针边用左手食指、拇指理齐扣眼上下；锁针时，针须从衬线旁穿出，将针尾的线朝左下方套住针尖将针抽出，朝右上方拉线，针针密锁以此循环，锁到接近扣眼止口处时，针脚要随着圆心的方向不断变化，线迹呈放射状，拉线要朝布面的右上方拉，拉力要均匀；锁到扣眼尾端时，要将针从左边第一针线圈内穿过，封尾。锁平头扣眼时不用剪圆头，不用打衬线，其余流程同锁圆头扣眼。

引导问题

（5）请同学们在教师的指导下，各自核对发放的材料及其种类（面料、里料、衬料、样板、辅料等）、数量、纱向，填写在表 4–6 中。

表 4–6　　材料明细表

材料名称	材料种类	材料数量	材料纱向

4. 学习检验

训练

（1）请同学们在教师的指导下，参照世界技能大赛评分标准完成明门襟成品的质量检验，独立填写表 4-7，并将明门襟修改、调整到位。

表 4-7　　明门襟制作评分表（参照世界技能大赛评分标准）

序号	分值	评分项目	评分内容	评分标准	得分
1	15	明门襟的完成度	按照工艺要求完成制作	完成得分，未完成不得分	
2	15	整洁度	外观干净整洁、无脏斑、无过度熨烫、无熨烫不足、无线头、无破损	有一处错误扣 5 分，扣完为止	
3	20	规格	尺寸规格达到要求，门襟、里襟上下宽窄一致，误差小于 0.2 cm；门襟、里襟长短误差小于 0.2 cm，门襟、里襟宽度误差小于 0.1 cm；门襟明缉线宽 0.5 cm，误差为 0 cm	有一处错误扣 5 分，扣完为止	
4	10	裁片丝绺	裁片丝绺准确，有条格的面料需对条、对格	有一处错误扣 5 分，扣完为止	
5	10	线迹	线迹密度：16 ~ 18 针 /3 厘米，误差小于 2 针 /3 厘米，线迹松紧适度，且中间无跳线、断线、接线	有一处错误扣 5 分，扣完为止	
6	20	外观	止口顺直、平服、不反吐，明缉线顺直，无断线、接线	有一处错误扣 5 分，扣完为止	
7	10	工作区整洁	工作结束后，工作区要整理干净，物品摆放整齐，电源关闭	有一处错误扣 5 分，扣完为止	
合计得分					

引导问题

（2）请同学们以小组为单位，完成表 4-8 的填写。

表 4-8　　　　设备使用记录表

使用设备名称		是否正常使用	
		是	否，是如何处理的
裁剪设备			
缝制设备			
整烫设备			

引导、评价、更正与完善

在教师讲评引导的基础上，对本阶段的学习活动成果进行自我评分和小组评分（100 分制），之后独立用红笔对本阶段的引导问题的回答进行更正和完善。

项目	类别	分数	项目	类别	分数
个人自评分	关键能力		小组评分	关键能力	
	专业能力			专业能力	

（四）成果展示与评价反馈

1. 知识学习

明门襟成品建议在干净的工作台上平面展示。

通过观察明门襟外观是否干净整洁，止口是否顺直、平服、不反吐，明缉线是否顺直，明缉线是否无断线、接线等来判断其工艺质量是否达到要求；通过测量门襟宽、里襟宽来判断其尺寸是否符合要求；同时，还要比对门襟、里襟是否宽窄一致、长短一致，最终进行整体评价。

世界技能大赛链接

图 4–7 所示是第 45 届世界技能大赛时装技术项目国家集训队“十进五”比赛中选手谭惠文设计的作品。她设计的两件上衣均采用了明门襟的设计。

图 4–7　明门襟女式上衣

2. 技能训练

实践

（1）将明门襟成品平铺在干净的工作台上进行平面展示。

自我评价

（2）依据表 4–7，对平铺展示的明门襟成品进行自我评价和小组评价。

3. 学习检验

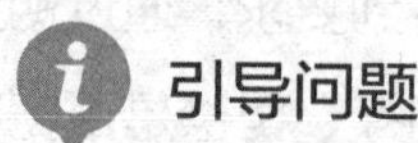

（1）在教师的指导下，在小组内进行作品展示，然后经由小组讨论，推选出一组最佳作品，进行全班展示与评价，并由组长简要介绍推选的理由，小组其他成员补充并记录。

小组最佳作品制作人：____________

推选理由：____

____

____

其他小组评价意见：______________________________

____

教师评价意见：______________________________

____

引导问题

（2）将本次学习活动出现的问题及其产生的原因和解决的办法填写在表 4-9 中。

表 4-9　　问题分析表

出现的问题	产生的原因	解决的办法

自我评价

（3）将本次学习活动中自己最满意的地方和最不满意的地方各写一点，并简要说明原因，然后完成表 4-10 中相关内容的填写。

最满意的地方：______________________________

最不满意的地方：______________________________

表 4-10　　学习活动考核评价表

学习活动名称：明门襟制作

班级：　　学号：　　姓名：　　指导教师：

评价项目	评价标准	评价依据	评价方式			权重	得分小计	总分
			自我评价	小组评价	教师（企业）评价			
			10%	20%	70%			
关键能力	1. 能穿戴劳保服装，遵守安全生产操作规程 2. 能参与小组讨论，制订计划，相互交流与评价	1. 课堂表现				40%		

续表

<table>
<tr><th rowspan="3">评价项目</th><th rowspan="3">评价标准</th><th rowspan="3">评价依据</th><th colspan="3">评价方式</th><th rowspan="3">权重</th><th rowspan="3">得分小计</th><th rowspan="3">总分</th></tr>
<tr><th>自我评价</th><th>小组评价</th><th>教师（企业）评价</th></tr>
<tr><th>10%</th><th>20%</th><th>70%</th></tr>
<tr><td>关键能力</td><td>3. 能积极主动、勤学好问
4. 能清晰、准确地与相关人员进行沟通
5. 能清扫场地和机台，归置物品，填写设备使用记录</td><td>2. 工作页填写</td><td></td><td></td><td></td><td></td><td></td><td></td></tr>
<tr><td>专业能力</td><td>1. 能区分门襟的类型
2. 能叙述明门襟制作所用工具和设备的名称与功能
3. 能识读明门襟生产工艺单，明确工艺要求，叙述其制作流程
4. 能在教师指导下，完成明门襟制作的全过程
5. 能按照企业标准（或世界技能大赛评分标准）对明门襟成品进行质量检验，并进行展示</td><td>1. 课堂表现
2. 工作页填写
3. 提交的作品</td><td></td><td></td><td></td><td>60%</td><td></td><td></td></tr>
<tr><td>指导教师综合评价</td><td colspan="8">指导教师签名：　　　　　　　　　　日期：</td></tr>
</table>

三、学习拓展

说明：本阶段学习拓展建议课时为 2 ～ 4 课时，要求学生在课后独立完成。教师可根据本校的教学需要和学生的实际情况，选择部分或全部内容进行实践，也可另行选择相关拓展内容，亦可不实施本学习拓展，将其所省课时用于学习过程阶段实践内容的强化。

拓展

请同学们在教师指导下，通过小组讨论交流，完成图 4-8 所示半开襟 T 恤的制作。该 T 恤门襟长 22 cm、宽 3.5 cm。

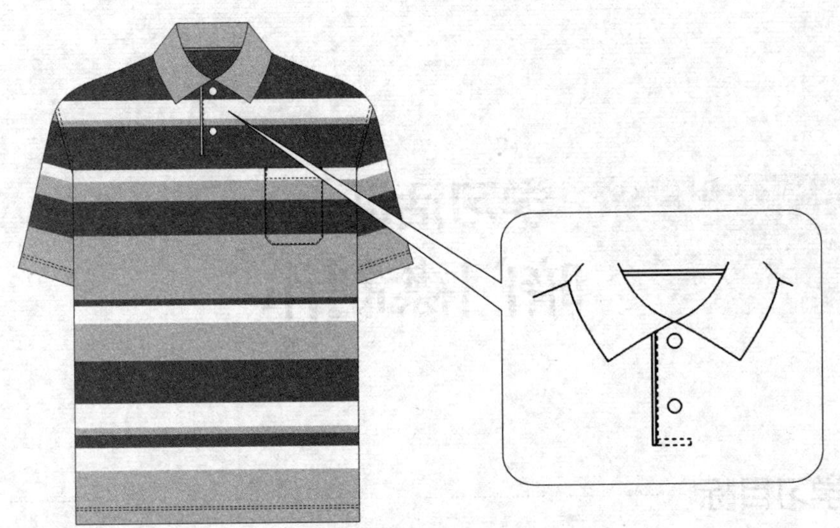

图 4-8　半开襟 T 恤

查询与收集

请同学们通过查阅相关学习材料或企业生产工艺单，写出图 4-9 所示 2 款半开襟 T 恤制作工艺要求和制作流程。

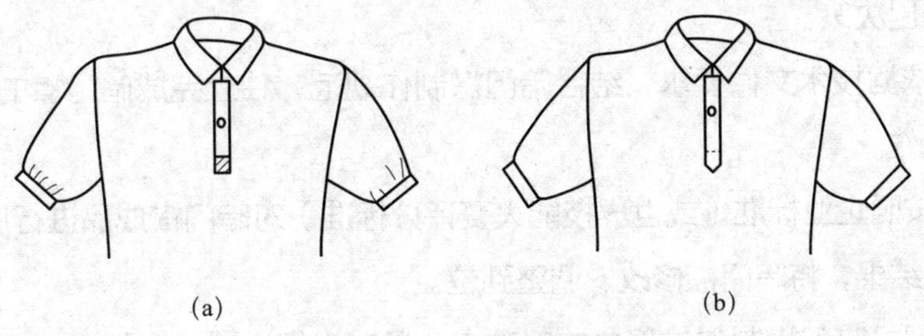

(a)　　(b)

图 4-9　2 款半开襟 T 恤

学习活动 2 暗门襟制作

学习目标

1. 能严格遵守工作制度，服从工作安排，按要求准备好暗门襟制作所需的工具、设备、材料与各项技术文件。

2. 能正确识读暗门襟制作各项技术文件，明确暗门襟制作的流程、方法和注意事项。

3. 能查阅相关技术资料，制订暗门襟的制作计划，并在教师的指导下，通过小组讨论作出决策。

4. 能依据技术文件要求，结合暗门襟制作规范，独立完成暗门襟的制作、检查与复核工作。

5. 能按照企业标准（或世界技能大赛评分标准）对暗门襟成品进行质量检验，并依据检验结果，将暗门襟修改、调整到位。

6. 能记录暗门襟制作过程中的疑难点，通过小组讨论、合作探究，或在教师的指导下，提出较为合理的解决办法。

7. 能展示、评价暗门襟制作各阶段成果，并根据评价结果，作出相应反馈。

一、学习准备

1. 服装制作学习工作室、缝制设备、整烫设备。

2. 劳保服装、安全生产操作规程、生产工艺单（见表 4-11）、服装缝制工艺相关学习材料。

3. 分成学习小组（以英文大写字母命名，每组 5 ~ 6 人），分组信息填写在表 4-12 中。

表 4-11　　　　暗门襟生产工艺单

<table>
<tr><td>部件名称</td><td colspan="2">暗门襟</td></tr>
<tr><td>款式图与款式说明</td><td>款式图</td><td>款式说明：
1. 门襟缉线长 52 cm、宽 6 cm
2. 门襟止口缉线宽 0.1 cm</td></tr>
<tr><td>工艺要求</td><td colspan="2">1. 缝制采用 14 号机针，线迹密度为 14 ~ 16 针 /3 厘米，误差小于 2 针 /3 厘米，线迹松紧适宜、整齐、牢固
2. 尺寸规格达到要求，门襟缉线长误差小于 0.2 cm，缉线宽误差小于 0.1 cm；门襟、里襟长短一致，误差小于 0.3 cm，门襟不短于里襟
3. 暗门襟平服，止口不豁
4. 明缉线顺直，无断线、接线
5. 熨烫平服，无烫黄、变色，无破损
6. 产品整洁，无污渍、水花、线头
7. 遵守各项规章制度，正确使用工具、设备</td></tr>
<tr><td>制作流程</td><td colspan="2">核对裁片→标记、定位→缝合左前片与暗门襟→缉明线→整烫、整理→质量检验</td></tr>
<tr><td>备注</td><td colspan="2"></td></tr>
</table>

表 4-12　　　　小组编号表

组号	组内成员及编号	组长姓名	组长编号	本人姓名	本人编号

引导问题

在换取梭芯、梭套和穿线时，脚必须离开脚踏板。你知道这是为什么吗？

二、学习过程

（一）明确工作任务、获取相关信息

1. 知识学习

小贴士

通常门襟要装拉链、纽扣、拷纽、暗合扣、搭扣、魔术贴等可以帮助开合的辅料。暗门襟的扣眼在门襟的里面，系上扣子后从外面看不见扣子。暗门襟设计较为简洁，对面料没有严格的要求，适用于各个季节的各类服装，一般常见于学生服、制服、茄克衫、风衣、大衣等，如图 4–10 所示。

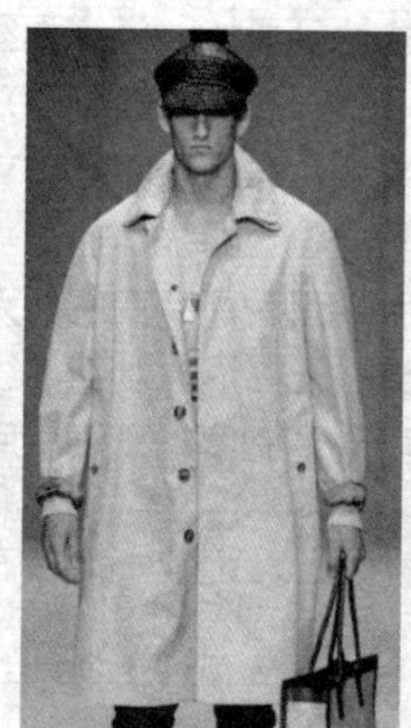

图 4–10　采用暗门襟的男装

查询与收集

（1）请同学们收集一些暗门襟服装图，试总结暗门襟的结构特点。

引导问题

（2）图 4–11 所示为全自动门襟机，请简述它的特点。

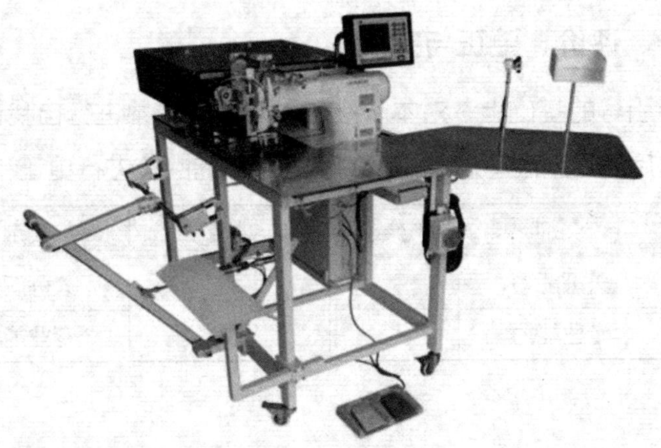

图 4-11　全自动门襟机

____

____

____

引导问题

（3）请说出图 4-12 所示附件的名称，并简述其作用。

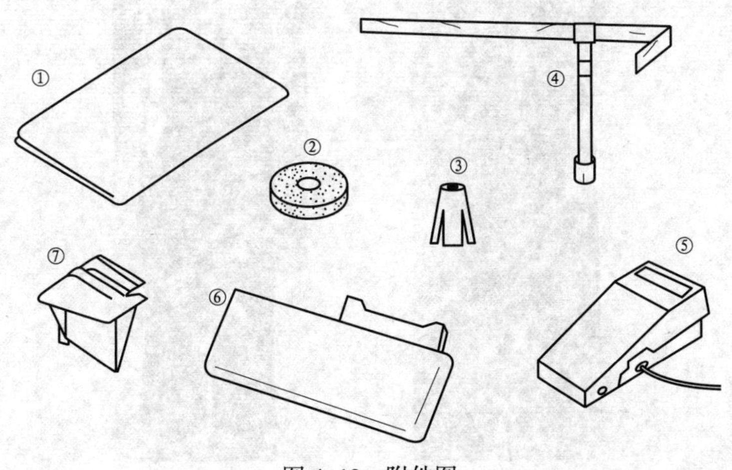

图 4-12　附件图

①________________ ②________________

③________________ ④________________

⑤________________ ⑥________________

⑦________________

 引导、评价、更正与完善

在教师讲评引导的基础上，对本阶段的学习活动成果进行自我评分和小组评分（100 分制），之后独立用红笔对本阶段的引导问题的回答进行更正和完善。

项目	类别	分数	项目	类别	分数
个人自评分	关键能力		小组评分	关键能力	
	专业能力			专业能力	

worldskills international 世界技能大赛链接

图 4–13 所示是第 45 届世界技能大赛时装技术项目国家集训队“十进五”比赛中选手化芳芳和谭惠文的参赛作品，这两组作品均采用暗门襟设计。

图 4–13　化芳芳设计的作品（左）和谭惠文设计的作品（右）

2. 学习检验

 引导问题

（1）在教师的引导下，独立完成表 4–13 的填写。

表 4-13　　学习任务与学习活动简要归纳表

本次学习任务的名称	
本次学习活动的名称	
本次学习活动的主要目标	
你认为本次学习活动中，哪些目标的实现难度较大	

引导问题

（2）图 4-14 所示是车缝线迹，你觉得哪一种是正确的？不正确的该如何调试？

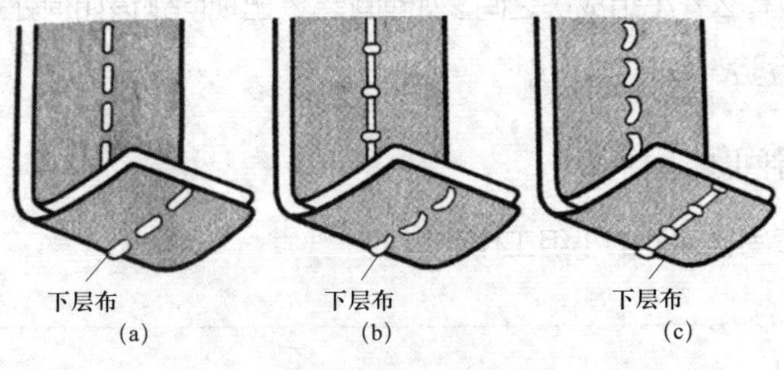

图 4-14　车缝线迹

____

____

小贴士

车缝的线迹是由面线和底线咬合形成的。当底线的松紧度合适时，面料的上层和下层都会形成均匀整齐的虚线；若底线松紧度不合适，则会出现面线太紧或底线太紧现象，甚至会出现断针、跳线等现象。因此，当面线过紧时，要把面线放松，通过面线调节器上的螺丝来调节；当底线过紧时，则要把底线放松，通过梭壳上的螺丝进行调节；反复调试，直至上层布和下层布的线迹都呈均匀、整齐状态。

引导、评价、更正与完善

在教师讲评引导的基础上，对本阶段的学习活动成果进行自我评分和小组评分（100 分制），之后独立用红笔对本阶段的引导问题的回答进行更正和完善。

项目	类别	分数	项目	类别	分数
个人自评分	关键能力		小组评分	关键能力	
	专业能力			专业能力	

（二）制订暗门襟制作计划并决策

1. 知识学习

学习制订计划的基本方法、内容和注意事项。

计划制订参考意见：整个工作的内容和目标是什么？整个工作分几步实施？工作过程中要注意什么？小组成员之间该如何配合？出现问题该如何处理？

2. 学习检验

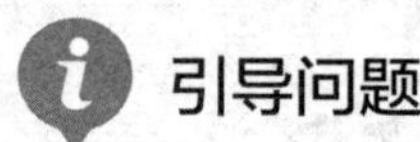

（1）请简要写出你们的小组工作计划。

____

____

引导问题

（2）你在制订计划的过程中承担了什么工作，有什么体会？

____

____

引导问题

（3）教师对于小组的计划给出了什么修改建议，为什么？

____

____

引导问题

（4）你认为计划中哪些地方比较难实施，为什么？你有什么想法？

____

____

（5）小组最终作出了什么决定？是如何作出的？

____

____

引导、评价、更正与完善

在教师讲评引导的基础上，对本阶段的学习活动成果进行自我评分和小组评分（100 分制），之后独立用红笔对本阶段的引导问题的回答进行更正和完善。

项目	类别	分数	项目	类别	分数
个人自评分	关键能力		小组评分	关键能力	
	专业能力			专业能力	

（三）暗门襟制作与检验

1. 知识学习

请同学们认真阅读暗门襟生产工艺单，然后回答以下引导问题。

（1）简述暗门襟制作的工艺要求。

____

____

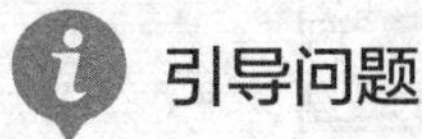

（2）简述暗门襟的制作流程。

____

____

2. 操作演示

请扫描二维码，观看暗门襟制作视频。

3. 技能训练

引导问题

（1）请同学们结合观看视频和教师示范，回答下面的问题。

①缉缝暗门襟与衣片时，需要在哪里剪刀口？

② 你是怎样剪刀口的？剪刀口时需要注意什么？

③ 如何防止暗门襟反吐？

引导问题

（2）图 4–15 所示为挂面与暗门襟，请简述挂面与暗门襟的制作工艺。

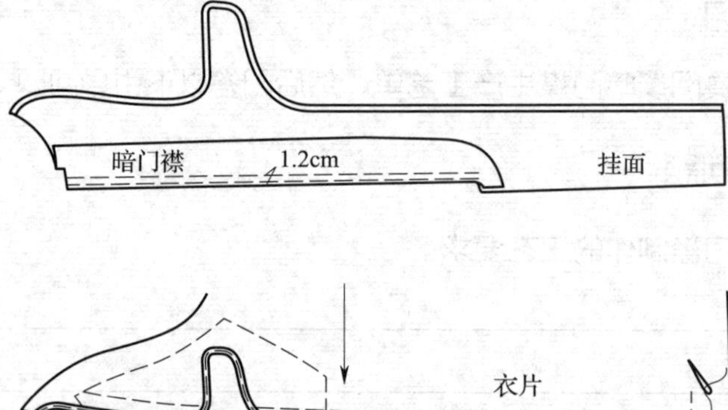

图 4–15　挂面与暗门襟示意图

引导问题

（3）图 4–16 所示是连通式暗门襟示意图，请你查阅资料，叙述它的缝制方法。这种缝制方法适合什么类型的服装？

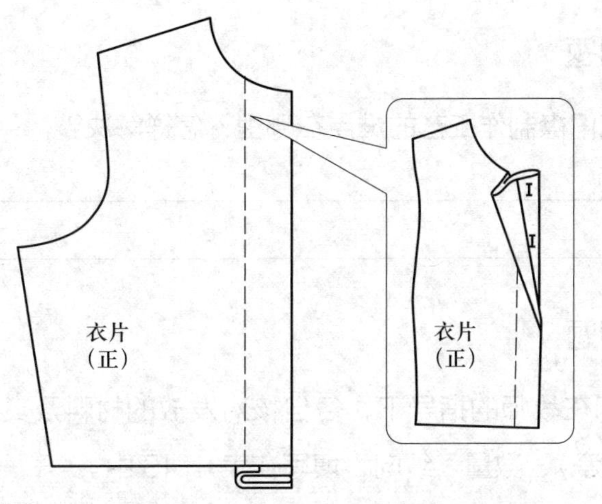

图 4-16　连通式暗门襟示意图

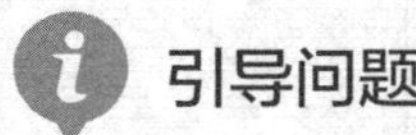

引导问题

（4）表 4-14 是里襟的缝制工艺表，请独立填写表格内容。

表 4-14　　里襟缝制工艺表

工艺图	操作编号	工艺内容	缝型及工艺方法	工艺要求
衣片 里襟				

引导问题

（5）请看样衣及生产工艺单，说说暗门襟纽扣的位置如何确定？

引导问题

（6）你觉得暗门襟制作工艺的难点在哪里？怎样解决？

____

____

引导问题

（7）请同学们在教师的指导下，各自核对发放的材料及其种类（面料、里料、衬料、样板、辅料等）、数量、纱向，填写在表 4-15 中。

表 4-15　材料明细表

材料名称	材料种类	材料数量	材料纱向

4. 学习检验

训练

（1）请同学们在教师的指导下，参照世界技能大赛评分标准完成暗门襟成品的质量检验，独立填写表 4-16，并将暗门襟修改、调整到位。

表 4-16　暗门襟制作评分表（参照世界技能大赛评分标准）

序号	分值	评分项目	评分内容	评分标准	得分
1	15	暗门襟的完成度	按照工艺要求完成制作	完成得分，未完成不得分	
2	15	整洁度	外观干净整洁、无脏斑、无过度熨烫、无熨烫不足、无线头、无破损	有一处错误扣 5 分，扣完为止	

续表

序号	分值	评分项目	评分内容	评分标准	得分
3	20	规格	尺寸规格达到要求，门襟缉线长 52 cm，误差小于 0.2 cm；缉线宽 6 cm，误差小于 0.1 cm，门襟、里襟长短一致，误差小于 0.3 cm	有一处错误扣 5 分，扣完为止	
4	10	裁片丝绺	裁片丝绺准确，有条格的面料需对条、对格	有一处错误扣 5 分，扣完为止	
5	10	线迹	线迹密度：14 ~ 16 针 /3 厘米，误差小于 2 针 /3 厘米，线迹松紧适度、整齐、牢固	有一处错误扣 5 分，扣完为止	
6	20	外观	门襟、里襟长短一致，门襟平服，止口不豁，明缉线顺直，无断线、接线	有一处错误扣 5 分，扣完为止	
7	10	工作区整洁	工作结束后，工作区要整理干净，物品摆放整齐，关闭电源	有一处错误扣 5 分，扣完为止	
合计得分					

引导问题

（2）请同学们以小组为单位，完成表 4-17 的填写。

表 4-17　　设备使用记录表

使用设备名称		是否正常使用	
		是	否，是如何处理的
裁剪设备			
缝制设备			
整烫设备			

引导、评价、更正与完善

在教师讲评引导的基础上，对本阶段的学习活动成果进行自我评分和小组评分（100 分制），之后独立用红笔对本阶段的引导问题的回答进行更正和完善。

项目	类别	分数	项目	类别	分数
个人自评分	关键能力		小组评分	关键能力	
	专业能力			专业能力	

（四）成果展示与评价反馈

1. 知识学习

暗门襟成品建议在干净的工作台上平面展示。

通过观察暗门襟外观是否干净整洁，门襟、里襟是否平服，止口是否不豁，明缉线是否顺直，明缉线是否无断线、接线等来判断其工艺质量是否达到要求；通过测量暗门襟的门襟缉线长、宽来判断其尺寸是否符合要求；同时，还要比对暗门襟、里襟长短是否一致，最终进行整体评价。

worldskills international 世界技能大赛链接

图 4–17 所示是第 45 届世界技能大赛时装技术项目国家集训队选手的训练作品。该作品采用的就是暗门襟。

图 4–17 暗门襟女式大衣

2. 技能训练

 实践

（1）将暗门襟成品平铺在干净的工作台上进行平面展示。

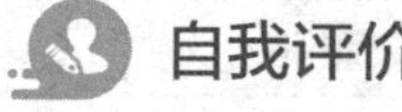

（2）依据表 4–16，对平铺展示的暗门襟成品进行自我评价和小组评价。

3. 学习检验

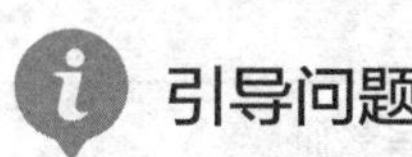

引导问题

（1）在教师的指导下，在小组内进行作品展示，然后经由小组讨论，推选出一组最佳作品，进行全班展示与评价，并由组长简要介绍推选的理由，小组其他成员补充并记录。

小组最佳作品制作人：____________________

推选理由：____

____

____

其他小组评价意见：____

____

教师评价意见：____

____

引导问题

（2）将本次学习活动出现的问题及其产生的原因和解决的办法填写在表 4-18 中。

表 4-18　　问题分析表

出现的问题	产生的原因	解决的办法

自我评价

（3）将本次学习活动中自己最满意的地方和最不满意的地方各写一点，并简要说明原因，然后完成表 4-19 中相关内容的填写。

最满意的地方：____

最不满意的地方：____

表 4-19　　学习活动考核评价表

学习活动名称：暗门襟制作

班级：　　学号：　　姓名：　　指导教师：

<table>
<tr><th rowspan="3">评价项目</th><th rowspan="3">评价标准</th><th rowspan="3">评价依据</th><th colspan="3">评价方式</th><th rowspan="3">权重</th><th rowspan="3">得分小计</th><th rowspan="3">总分</th></tr>
<tr><th>自我评价</th><th>小组评价</th><th>教师（企业）评价</th></tr>
<tr><th>10%</th><th>20%</th><th>70%</th></tr>
<tr><td>关键能力</td><td>1. 能穿戴劳保服装，遵守安全生产操作规程
2. 能参与小组讨论，制订计划，相互交流与评价
3. 能积极主动、勤学好问
4. 能清晰、准确地与相关人员进行沟通
5. 能清扫场地和机台，归置物品，填写设备使用记录</td><td>1. 课堂表现
2. 工作页填写</td><td></td><td></td><td></td><td>40%</td><td></td><td rowspan="2"></td></tr>
<tr><td>专业能力</td><td>1. 能区分门襟的类型
2. 能叙述暗门襟制作所用工具和设备的名称与功能
3. 能识读暗门襟生产工艺单，明确工艺要求，叙述其制作流程
4. 能在教师指导下，完成暗门襟制作的全过程
5. 能按照企业标准（或世界技能大赛评分标准）对暗门襟成品进行质量检验，并进行展示</td><td>1. 课堂表现
2. 工作页填写
3. 提交的作品</td><td></td><td></td><td></td><td>60%</td><td></td></tr>
<tr><td>指导教师综合评价</td><td colspan="8">

指导教师签名：　　　　日期：</td></tr>
</table>

三、学习拓展

说明：本阶段学习拓展建议课时为 2 ～ 4 课时，要求学生在课后独立完成。教师可根据本校的教学需要和学生的实际情况，选择部分或全部内容进行实践，也可另行选择相关拓展内容，亦可不实施本学习拓展，将其所省课时用于学习过程阶段实践内容的强化。

拓展

请同学们在教师的指导下，通过小组讨论交流，完成图 4-18 所示女上衣的暗门襟制作。该女上衣衣长 66 cm，门襟缉线宽 4.5 cm。

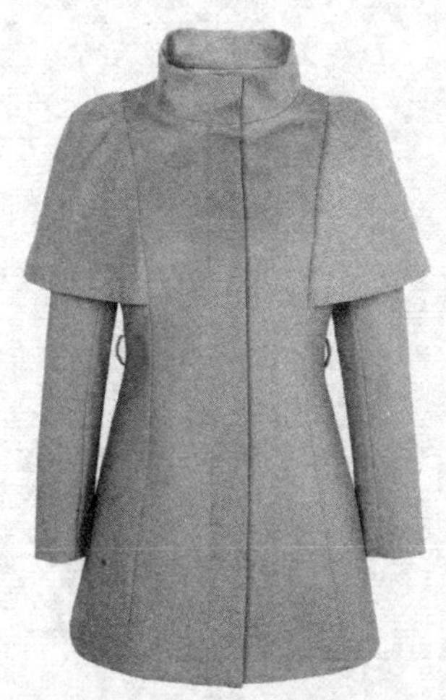

图 4-18　暗门襟女上衣

查询与收集

请同学们通过查阅相关学习材料或企业生产工艺单，选择 1 ~ 2 个关于暗门襟制作的生产工艺单，摘录其工艺要求和制作流程。

学习任务五

拉链安装

学习目标

1. 能读懂拉链安装生产工艺单，明确加工内容、数量及工期等要求。

2. 能仔细查看拉链安装生产工艺单的内容，明确拉链安装标准和工艺要求，按要求领取工具和材料。

3. 能根据拉链安装结构特点、工艺要求和面料特性，合理选择、调试、使用和维护加工设备，按照安全生产操作规程，实施安全操作。

4. 能根据任务要求，合理选择工艺制作方法，独立完成拉链安装，做到拉链安装平整、无起绺、高低一致。

5. 能使用专业术语与相关人员有效沟通，高效解决制作过程中的技术问题。

6. 能按照拉链安装质量检验标准（可参考世界技能大赛时装技术项目标准）对拉链安装成品进行自检、修改，确保产品质量。

7. 能正确保养设备并认真填写“设备保养记录表”。

8. 在工作过程中，能遵守“8S”管理规定，逐渐养成认真负责、规范有序、严谨细致的良好职业素养。

建议课时

12 学时。

学习任务描述

在服装企业的生产流水线上，拉链安装是一项常见任务。接到班组长安排的任务后，作业人员在车缝机位上，依据生产工艺单的具体要求，领取拉链安装裁片和拉链，独立完成拉链安装的裁片核对，标记、定位，装拉链和质量检验等工序，并将完成的工件交由下一道工序的作业人员。

学习活动

1. 裙门襟拉链安装。

2. 裤门襟拉链安装。

3. 茄克衫门襟拉链安装。

学习活动 1
裙门襟拉链安装

学习目标

1. 能严格遵守工作制度，服从工作安排，按要求准备好裙门襟拉链安装所需的工具、设备、材料与各项技术文件。

2. 能正确识读裙门襟拉链安装各项技术文件，明确裙门襟拉链安装的流程、方法和注意事项。

3. 能查阅相关技术资料，制订裙门襟拉链的安装计划，并在教师的指导下，通过小组讨论作出决策。

4. 能依据技术文件要求，结合裙门襟拉链安装规范，独立完成裙门襟拉链安装、检查与复核工作。

5. 能按照企业标准（或世界技能大赛评分标准）对裙门襟拉链安装成品进行质量检验，并依据检验结果，将裙门襟拉链安装、调整到位。

6. 能记录裙门襟拉链安装过程中的疑难点，通过小组讨论、合作探究，或在教师的指导下，提出较为合理的解决办法。

7. 能展示、评价裙门襟拉链安装各阶段成果，并根据评价结果，作出相应反馈。

一、学习准备

1. 服装制作学习工作室、缝制设备、整烫设备。

2. 劳保服装、安全生产操作规程、生产工艺单（见表 5-1）、服装缝制工艺相关学习材料。

3. 分成学习小组（以英文大写字母命名，每组 5 ~ 6 人），分组信息填写在表 5-2 中。

表 5-1　　裙门襟拉链安装生产工艺单

<table>
<tr><td>部件名称</td><td colspan="2">裙门襟拉链</td></tr>
<tr><td>款式图与款式说明</td><td>款式图</td><td>款式说明：
1. 里襟长 20 cm、宽 2.5 cm
2. 拉链开口长 18 cm
3. 里襟明缉线宽 0.1 cm，门襟明缉线宽 1 cm</td></tr>
<tr><td>工艺要求</td><td colspan="2">1. 缝制采用 12 号机针，线迹密度为 14 ~ 17 针 /3 厘米，误差小于 2 针 /3 厘米，线迹松紧适度，且中间无跳线、断线、接线
2. 尺寸规格达到要求，拉链开口长误差小于 0.5 cm，里襟长误差小于 0.5 cm，缉线顺直，里襟、门襟明缉线宽误差为 0 cm
3. 两侧拉链牙不外露，门襟下端封口平服
4. 拉链的高低、左右一致
5. 拉链与裙片松紧一致，门襟、里襟不起绺
6. 作品整洁，无污渍、水花、线头
7. 遵守各项规章制度，正确使用工具、设备</td></tr>
<tr><td>制作流程</td><td colspan="2">核对裁片，标记、定位→缝合后中缝→固定拉链→装里襟拉链→装门襟拉链→封口→整烫、整理→质量检验</td></tr>
<tr><td>备注</td><td colspan="2"></td></tr>
</table>

表 5-2　　小组编号表

组号	组内成员及编号	组长姓名	组长编号	本人姓名	本人编号

提个醒

请同学们检查一下，你的平缝机皮带处有没有堆放布料等物品？它们应该放在哪里？

二、学习过程

（一）明确工作任务、获取相关信息

1. 知识学习

引导问题

（1）请同学们查看自己的衣箱，你的服装上安装有哪些种类的拉链？拉链一般装在服装的什么部位？有什么作用？

____

____

____

小贴士

拉链又称拉锁，是依靠连续排列的链牙，使物品并合或分离的连接件，现大量用于服装、包、帐篷等物件上，具有实用性和装饰性，是重要的服装辅料，如图 5-1 所示。拉链有以下五种分类方法。

（1）按材料分类可分为：尼龙拉链、树脂拉链、金属拉链。

（2）按品种分类可分为：闭尾拉链、开尾拉链、双闭尾拉链、双开尾拉链、单边开尾拉链。

（3）按结构分类可分为：闭口拉链、开口拉链。

（4）按功能分类可分为：自锁拉链、无锁拉链、半自动锁拉链。

（5）按规格分类可分为：2#、3#、4#、5#、7#、8#、9#、20#……30#，拉链号数的大小和链牙的大小成正比。

图 5-1 各种类型的拉链

讨论

（2）请同学们仔细观察拉链和服装，通过小组讨论，说说不同类型的拉链分别适合哪种服装？

小贴士

拉链由链牙、拉头、拉片和其他配件组成。其中链牙是关键部分，它直接决定拉链的侧拉强度。

图 5-2 中，a 为拉头，b 为拉片，c 为下止，d 为上止。

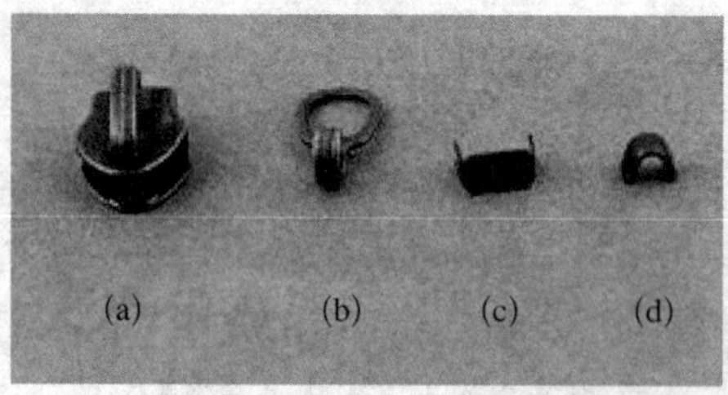

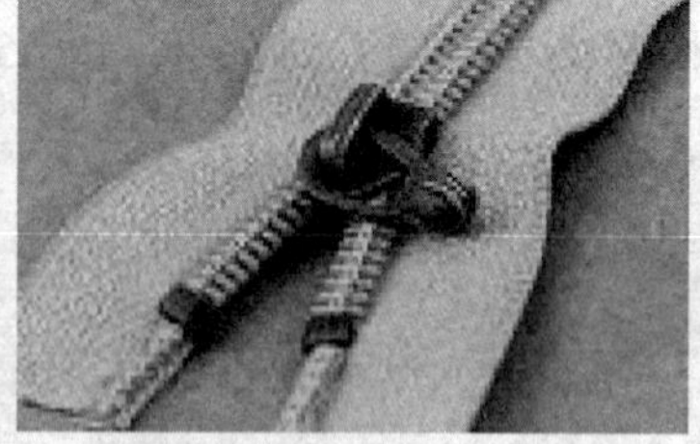

图 5-2 拉链及其配件

引导问题

（3）拉链的号数是以拉链闭合后的宽度来判断的，一般茄克衫采用的是几号拉链？裤子和短裙呢？

引导、评价、更正与完善

在教师讲评引导的基础上，对本阶段的学习活动成果进行自我评分和小组评分（100 分制），之后独立用红笔对本阶段的引导问题的回答进行更正和完善。

项目	类别	分数	项目	类别	分数
个人自评分	关键能力		小组评分	关键能力	
	专业能力			专业能力	

世界技能大赛链接

图 5-3 所示是第 43 届世界技能大赛时装技术项目中国参赛选手陈碧华的作品。该连衣裙采用的是装明拉链的设计。

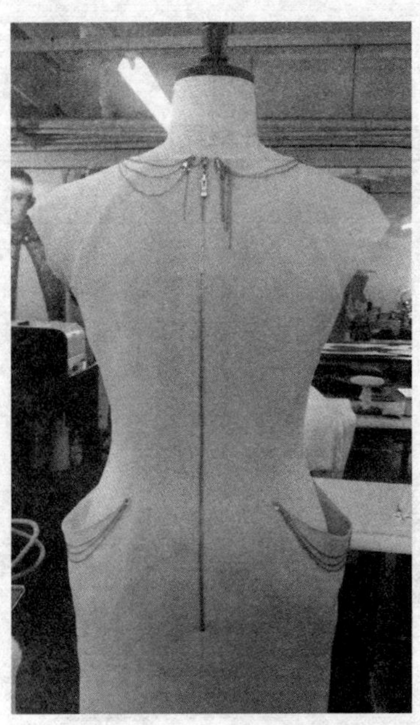

图 5-3　装明拉链的连衣裙

2. 学习检验

引导问题

（1）在教师的引导下，独立完成表 5-3 的填写。

表 5-3 学习任务与学习活动简要归纳表

本次学习任务的名称	
本次学习任务的主要目标	
本次学习任务的活动内容	
本次学习活动的名称	
本次学习活动的主要目标	
你认为本次学习活动中，哪些目标的实现难度较大	

讨论

（2）你对自己学习工作的“伙伴”——包缝机了解吗？请同学们通过小组讨论，完成表 5-4 的填写。

表 5-4 常用包缝机及其性能和用途

包缝机类型	线迹图	作业图片	车缝效果图	性能与用途
五线包缝机	②（五线） ③ ④ ① ⑤ 前弯针线 ⑤	五线布边包缝		

续表

包缝机类型	线迹图	作业图片	车缝效果图	性能与用途
四线包缝机	②（四线） ④ ① ③	定位缝纫 四线肩带包缝		
三线包缝机	②（三线） ① ③	三线松紧带包缝		

引导问题

（3）同学们在服装企业参观实习时，经常会看到现代化的服装吊挂式传输系统，如图 5-4 所示，谈谈你对该系统的认知和感受。

图 5-4　服装吊挂式传输系统

____

____

引导问题

（4）请同学们完成表 5-5 的填写。

表 5-5　　　　服装制图符号及其名称填写表

名称		皱褶	塔克线		罗纹号
符号					
名称	明裥	暗裥		开省	
符号			⊗		

引导、评价、更正与完善

在教师讲评引导的基础上，对本阶段的学习活动成果进行自我评分和小组评分（100 分制），之后独立用红笔对本阶段的引导问题的回答进行更正和完善。

项目	类别	分数	项目	类别	分数
个人自评分	关键能力		小组评分	关键能力	
	专业能力			专业能力	

（二）制订裙门襟拉链安装计划并决策

1. 知识学习

学习制订计划的基本方法、内容和注意事项。

计划制订参考意见：整个工作的内容和目标是什么？整个工作分几步实施？工作过程中要注意什么？小组成员之间该如何配合？出现问题该如何处理？

2. 学习检验

引导问题

（1）请简要写出你们的小组工作计划。

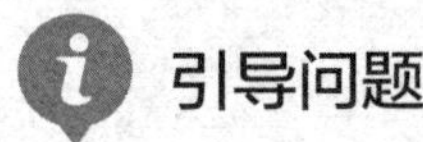

引导问题

（2）你在制订计划的过程中承担了什么工作，有什么体会？

引导问题

（3）教师对于小组的计划给出了什么修改建议，为什么？

引导问题

（4）你认为计划中哪些地方比较难实施，为什么？你有什么想法？

引导问题

（5）小组最终作出了什么决定？是如何作出的？

引导、评价、更正与完善

在教师讲评引导的基础上，对本阶段的学习活动成果进行自我评分和小组评分（100 分制），之后独立用红笔对本阶段的引导问题的回答进行更正和完善。

项目	类别	分数	项目	类别	分数
个人自评分	关键能力		小组评分	关键能力	
	专业能力			专业能力	

（三）裙门襟拉链安装与检验

1. 知识学习

请同学们认真阅读裙门襟拉链安装生产工艺单，然后回答以下引导问题。

引导问题

（1）简述裙门襟拉链安装的工艺要求。

引导问题

（2）简述裙门襟拉链安装的流程。

世界技能大赛链接

在第 44 届世界技能大赛时装技术项目中，就有对拉链安装的考评内容，具体见表 5-6。

表 5-6　　拉链安装考核评分表

模块 D		连衣裙——缝合线及熨烫		
序号	分值	考评内容	评分标准	得分
D10	0.5	拉链拉动顺畅	错误扣 0.5 分	
	0.75	拉链底部安装牢固整齐，无毛漏	每处错误扣 0.25 分	
	0.75	拉链顶部平整顺直，牢固，不扭曲	每处错误扣 0.25 分	
	0.5	拉链安装宽度一致适宜（全长）	每处错误扣 0.25 分	
	1	拉链里部安装平顺，无扭曲，无毛漏	每处错误扣 0.25 分	

2. 操作演示

请扫描二维码，观看裙门襟拉链安装制作视频。

3. 技能训练

引导问题

（1）表 5-7 为某服装公司的 A 字裙生产工艺单，请同学们认真阅读，在教师讲解的基础上，完成有关内容的填写。

表 5-7　　　　A 字裙生产工艺单

品名		数量		型号	S（155/66A）、M（160/68A）、L（165/70A）	
款式图			部位	规格		
				S	M	L
			裙长	56 cm		
			腰围	68 cm		
			臀围	96 cm		
			臀高	16.5 cm		

生产制作描述			
针距密度		倒顺	
缝份		扣眼	
套结		门襟	装拉链，明缉线宽 1 cm
弧形插袋		腰省	前后各两个腰省，左右对称

重点技术、特殊工艺描述			
工艺描述	图示	工艺描述	图示
插袋：		腰头：	腰头里（正面） 腰头里（正面）

续表

<table>
<tr><th colspan="3">工艺描述</th><th colspan="3">图示</th></tr>
<tr><td colspan="3">安装拉链：</td><td colspan="3"></td></tr>
<tr><td>制作人</td><td></td><td>审核人</td><td></td><td>日期</td><td></td></tr>
</table>

查询与收集

（2）请同学们查阅相关学习材料，选择 2 ~ 3 款关于裙子制作的生产工艺单，摘录其中拉链安装的工艺要求和制作流程。

____

____

引导问题

（3）请同学们仔细观察样衣，想一想是在侧缝处还是在中缝处装拉链较容易？为什么？

____

____

引导问题

（4）请同学们结合观看视频和教师示范，通过小组讨论，回答下面的问题。

①要在裙片未成圆筒形时装拉链，这是为什么？

____

②为保证装在门襟、里襟上的拉链长短一致，你会怎么做？

____

③借助单边压脚能沿链牙边缉线，如果没有单边压脚，还可以使用什么方法？

____

④现在也有不装里襟的裙子，装里襟的目的是什么？

引导问题

（5）将拉链定位在里襟上后，如果门襟要盖过里襟缉线（见图 5-5），该如何处理门襟开口处缝份？

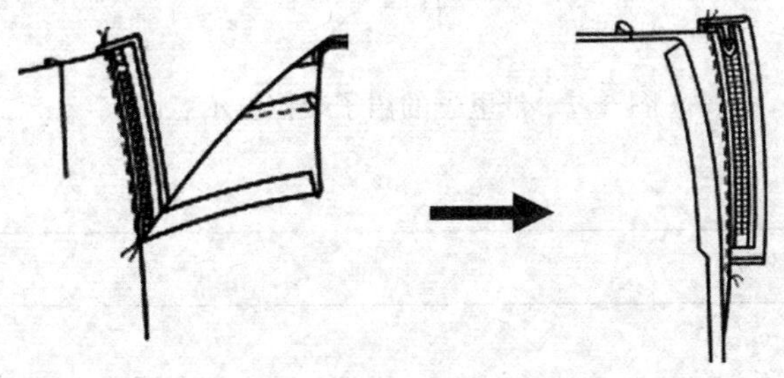

图 5-5　装里襟拉链

引导问题

（6）裙门襟拉链安装方法有多种，图 5-6 所示半裙拉链左右两边均压缉 0.6 cm 明线，请大家收集资料，写出其缝制方法。

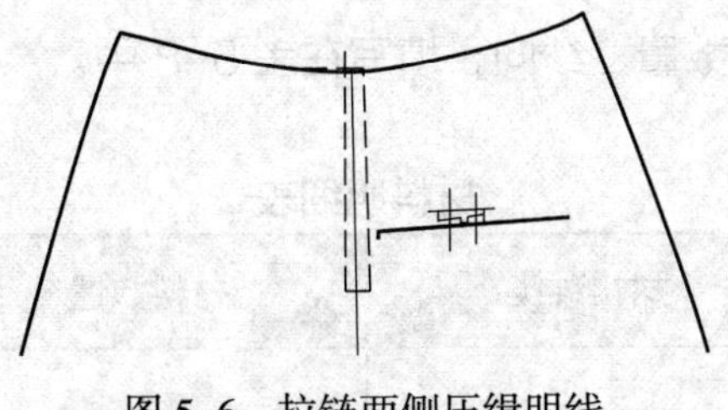

图 5-6　拉链两侧压缉明线

引导问题

（7）图 5-7 所示为带里子的裙子装拉链示意图，试简述它的工艺流程。

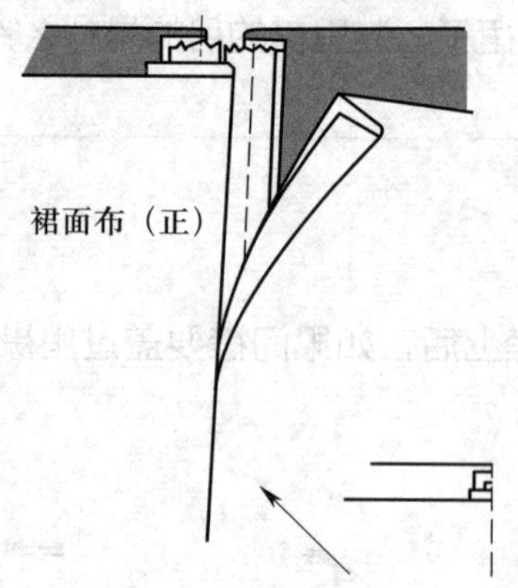

图 5–7　带里子的裙子装拉链示意图

引导问题

（8）你对自己的作品满意吗？有时拉链装好后拱起来了，是什么原因造成的？你会解决吗？

引导问题

（9）请同学们在教师的指导下，各自核对发放的材料及其种类（面料、里料、衬料、样板、辅料等）、数量、纱向，填写在表 5–8 中。

表 5–8　材料明细表

材料名称	材料种类	材料数量	材料纱向

4. 学习检验

训练

（1）请同学们在教师的指导下，参照世界技能大赛评分标准完成裙门襟拉链安装成品的质量检验，独立填写表 5-9，并将裙门襟拉链安装、调整到位。

表 5-9　裙门襟拉链安装评分表（参照世界技能大赛评分标准）

序号	分值	评分项目	评分内容	评分标准	得分
1	15	裙门襟拉链安装的完成度	按照工艺要求完成制作	完成得分，未完成不得分	
2	15	整洁度	外观干净整洁、无脏斑、无过度熨烫、无熨烫不足、无线头、无破损	有一处错误扣5分，扣完为止	
3	20	规格	尺寸规格达到要求，里襟长 20 cm，误差小于 0.5 cm；拉链开口长 18 cm，误差小于 0.5 cm；里襟明缉线宽 0.1 cm，误差为 0 cm；门襟明缉线宽 1 cm，误差为 0 cm	有一处错误扣5分，扣完为止	
4	10	裁片丝绺	裁片丝绺准确，有条格的面料需对条、对格	有一处错误扣5分，扣完为止	
5	10	线迹	线迹密度：14 ~ 17 针 /3 厘米，误差小于 2 针 /3 厘米，线迹松紧适度，且中间无跳线、断线、接线	有一处错误扣5分，扣完为止	
6	20	外观	拉链牙不外露，门襟下端封口平服，两侧拉链的高低一致，拉链与裙片松紧一致，门襟、里襟不起绺	有一处错误扣5分，扣完为止	
7	10	工作区整洁	工作结束后，工作区要整理干净，物品摆放整齐，电源关闭	有一处错误扣5分，扣完为止	
合计得分					

引导问题

（2）请同学们以小组为单位，完成表 5-10 的填写。

表 5–10　　　　　　　　设备使用记录表

使用设备名称		是否正常使用	
		是	否，是如何处理的
裁剪设备			
缝制设备			
整烫设备			

引导、评价、更正与完善

在教师讲评引导的基础上，对本阶段的学习活动成果进行自我评分和小组评分（100 分制），之后独立用红笔对本阶段的引导问题的回答进行更正和完善。

项目	类别	分数	项目	类别	分数
个人自评分	关键能力		小组评分	关键能力	
	专业能力			专业能力	

（四）成果展示与评价反馈

1. 知识学习

安装拉链后的裙门襟成品建议在干净的工作台上平面展示。

通过观察裙门襟外观是否干净整洁，拉链牙有无外露，门襟下端封口是否平服，门襟、里襟有无起绺等来判断其工艺质量是否达到要求；通过测量裙门襟拉链开口长、明缉线宽来判断其尺寸是否符合要求；同时，还要比对两侧拉链的高低是否一致，拉链与裙片松紧是否一致，最终进行整体评价。

世界技能大赛链接

图 5–8 所示是第 44 届世界技能大赛时装技术项目国家集训队“十进五”比赛中江苏选手李亦琦的作品。该连衣裙的后背采用明拉链设计，很有特色。

 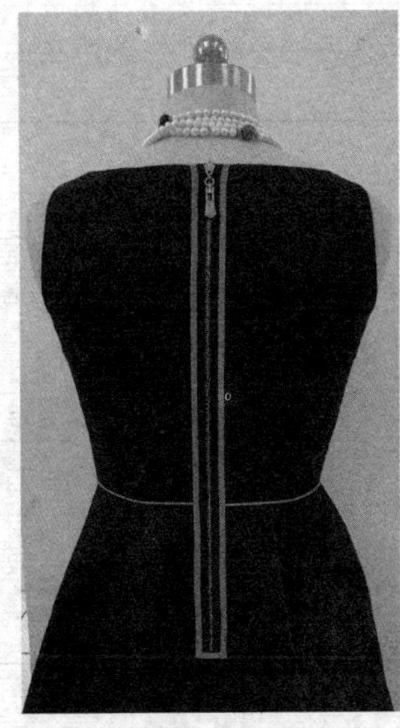

图 5-8　连衣裙后背明拉链设计

2. 技能训练

实践

（1）将安装拉链的裙门襟成品平铺在干净的工作台上进行平面展示。

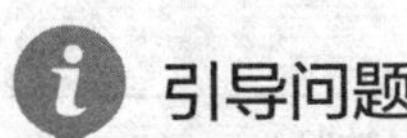

自我评价

（2）依据表 5-9，对平铺展示的安装拉链的裙门襟成品进行自我评价和小组评价。

3. 学习检验

引导问题

（1）在教师的指导下，在小组内进行作品展示，然后经由小组讨论，推选出一组最佳作品，进行全班展示与评价，并由组长简要介绍推选的理由，小组其他成员补充并记录。

小组最佳作品制作人：________________

推选理由：____

____

____

其他小组评价意见：____

____

教师评价意见：________________

____

引导问题

（2）将本次学习活动出现的问题及其产生的原因和解决的办法填写在表 5-11 中。

表 5-11　问题分析表

出现的问题	产生的原因	解决的办法

自我评价

（3）将本次学习活动中自己最满意的地方和最不满意的地方各写一点，并简要说明原因，然后完成表 5-12 中相关内容的填写。

最满意的地方：________________

最不满意的地方：________________

表 5-12　学习活动考核评价表

学习活动名称：裙门襟拉链安装

班级：　　学号：　　姓名：　　指导教师：

评价项目	评价标准	评价依据	评价方式			权重	得分小计	总分
			自我评价	小组评价	教师（企业）评价			
			10%	20%	70%			
关键能力	1. 能穿戴劳保服装，遵守安全生产操作规程 2. 能参与小组讨论，制订计划，相互交流与评价 3. 能积极主动、勤学好问	1. 课堂表现				40%		

续表

<table>
<tr><th rowspan="3">评价项目</th><th rowspan="3">评价标准</th><th rowspan="3">评价依据</th><th colspan="3">评价方式</th><th rowspan="3">权重</th><th rowspan="3">得分小计</th><th rowspan="3">总分</th></tr>
<tr><th>自我评价</th><th>小组评价</th><th>教师（企业）评价</th></tr>
<tr><th>10%</th><th>20%</th><th>70%</th></tr>
<tr><td>关键能力</td><td>4. 能清晰、准确地与相关人员进行沟通
5. 能清扫场地和机台，归置物品，填写设备使用记录</td><td>2. 工作页填写</td><td></td><td></td><td></td><td></td><td></td><td></td></tr>
<tr><td>专业能力</td><td>1. 能区分不同类型的拉链
2. 能叙述裙门襟拉链安装所用工具和设备的名称与功能
3. 能识读裙门襟拉链安装生产工艺单，明确工艺要求，叙述其安装流程
4. 能在教师指导下，完成裙门襟拉链安装的全过程
5. 能按照企业标准（或世界技能大赛评分标准）对裙门襟拉链安装成品进行质量检验，并进行展示</td><td>1. 课堂表现
2. 工作页填写
3. 提交的作品</td><td></td><td></td><td></td><td>60%</td><td></td><td></td></tr>
<tr><td>指导教师综合评价</td><td colspan="8">指导教师签名: 日期:</td></tr>
</table>

三、学习拓展

说明：本阶段学习拓展建议课时为 2 ～ 4 课时，要求学生在课后独立完成。教师可根据本校的教学需要和学生的实际情况，选择部分或全部内容进行实践，也可另行选择相关拓展内容，亦可不实施本学习拓展，将其所省课时用于学习过程阶段实践内容的强化。

拓展

请同学们在教师指导下，通过小组讨论交流，完成图 5-9 所示筒裙隐形拉链的安装。该筒裙门襟开口长 20 cm。

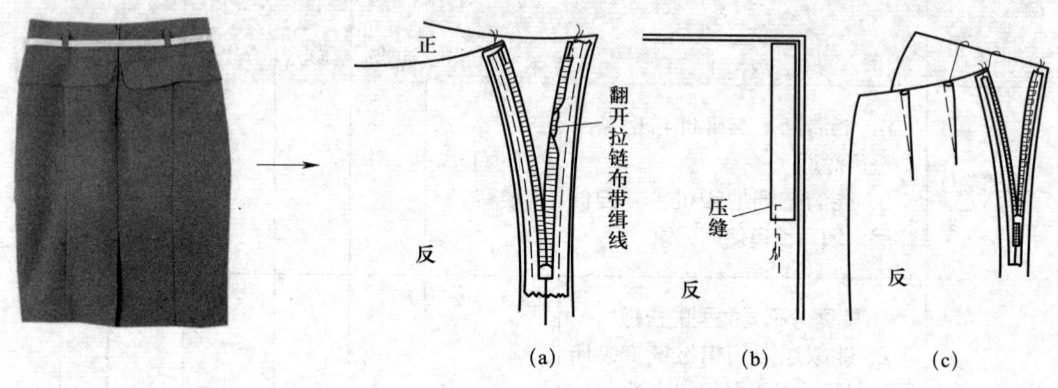

图 5-9　筒裙隐形拉链安装示意图

查询与收集

请同学们通过查阅相关学习材料或企业生产工艺单，选择 2 款连衣裙，说出安装拉链的工艺要求和安装流程。

学习活动 2
裤门襟拉链安装

学习目标

1. 能严格遵守工作制度，服从工作安排，按要求准备好裤门襟拉链安装制作所需的工具、设备、材料与各项技术文件。

2. 能正确识读裤门襟拉链安装各项技术文件，明确裤门襟拉链安装的流程、方法和注意事项。

3. 能查阅相关技术资料，制订裤门襟拉链的安装计划，并在教师的指导下，通过小组讨论作出决策。

4. 能依据技术文件要求，结合裤门襟拉链安装制作规范，独立完成裤门襟拉链安装、检查与复核工作。

5. 能按照企业标准（或世界技能大赛评分标准）对裤门襟拉链安装成品进行质量检验，并依据检验结果，将裤门襟拉链安装、调整到位。

6. 能记录裤门襟拉链安装过程中的疑难点，通过小组讨论、合作探究，或在教师的指导下，提出较为合理的解决办法。

7. 能展示、评价裤门襟拉链安装各阶段成果，并根据评价结果，作出相应反馈。

一、学习准备

1. 服装制作学习工作室、缝制设备、整烫设备。

2. 劳保服装、安全生产操作规程、生产工艺单（见表 5-13）、服装缝制工艺相关学习材料。

3. 分成学习小组（以英文大写字母命名，每组 5 ~ 6 人），分组信息填写在表 5-14 中。

表 5–13　　裤门襟拉链安装生产工艺单

部件名称	裤门襟拉链
款式图与款式说明	款式图 款式说明： 1. 门襟宽 4.5 cm、缉线宽 3.5 cm 2. 里襟宽 3.5 cm
工艺要求	1. 缝制采用 12 号机针，线迹密度为 14 ～ 17 针 /3 厘米，误差小于 2 针 /3 厘米，线迹松紧适度，且中间无跳线、断线、接线 2. 尺寸规格达到要求，门襟宽、里襟宽误差小于 0.2 cm，门襟缉线宽误差小于 0.1 cm，门襟、里襟长短误差小于 0.3 cm 3. 门襟、里襟缉线顺直、长短一致，封口处无起吊 4. 拉链不外露，止口不反吐；拉链的高低左右一致；拉链平服，不起绺 5. 熨烫平服，无烫黄、变色，无水渍、污渍，无破损 6. 作品整洁、美观 7. 遵守各项规章制度，正确使用工具、设备
制作流程	核对裁片→装门襟→装门襟拉链→装里襟拉链→缉门襟线→整烫、整理→质量检验
备注	

表 5–14　　小组编号表

组号	组内成员及编号	组长姓名	组长编号	本人姓名	本人编号

提个醒

同学们在使用缝纫机过程中，要注意有无异味或电机过热现象。

二、学习过程

（一）明确工作任务、获取相关信息

1. 知识学习

小贴士

西裤外形讲究，给人以稳重的感觉。男西裤一般是前开门，在门襟装拉链或钉纽扣，门襟处缉明线；传统女西裤则是在右侧开门，里襟上钉两粒纽扣，右侧口袋袋布上锁眼，如图 5–10 所示。

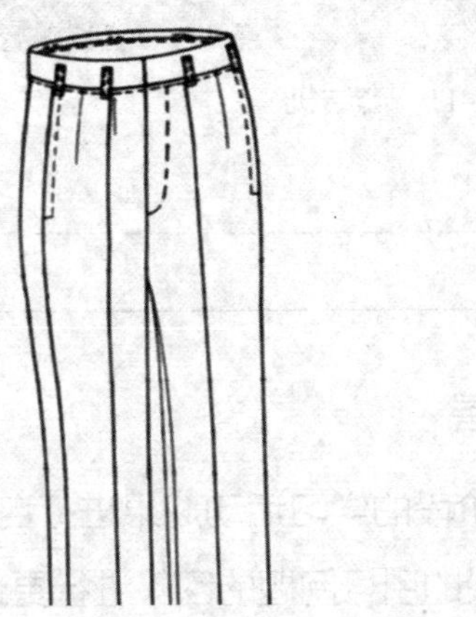
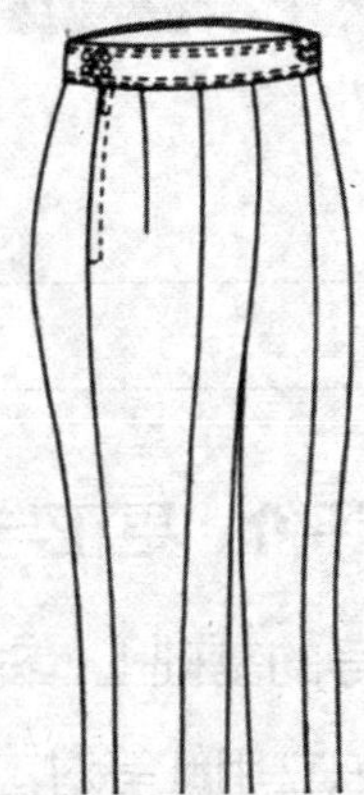

图 5–10　男西裤和女西裤

引导问题

（1）传统女西裤为什么在右侧开门？扣位是如何确定的？

____

____

____

查询与收集

（2）请同学们通过网络调查或市场调查，选择几款不同的前开门装拉链的裤子，说一说其款式结构特点。

____

____

引导问题

（3）门襟封口时会用到套结机（见图 5-11），你会用吗？你知道它的优缺点吗？

图 5-11　套结机

引导、评价、更正与完善

在教师讲评引导的基础上，对本阶段的学习活动成果进行自我评分和小组评分（100 分制），之后独立用红笔对本阶段的引导问题的回答进行更正和完善。

项目	类别	分数	项目	类别	分数
个人自评分	关键能力		小组评分	关键能力	
	专业能力			专业能力	

2. 学习检验

引导问题

（1）在教师的引导下，独立完成表 5-15 的填写。

表 5-15　学习任务与学习活动简要归纳表

本次学习任务的名称	
本次学习活动的名称	
本次学习活动的主要目标	
你认为本次学习活动中，哪些目标的实现难度较大	

引导问题

（2）图 5-12 所示是手工打套结方法，其中一个是打真套结，一个是打假套结，你能区分吗？你会打套结吗？请简述打套结方法。

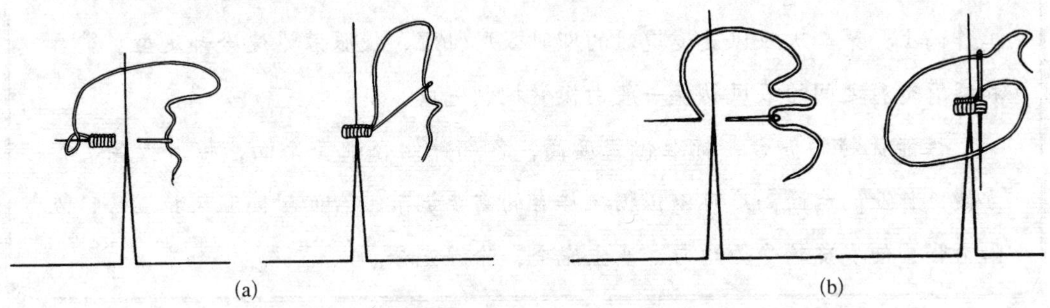

图 5-12　手工打套结示意图

____

____

引导问题

（3）图 5-13 所示是吸风烫台，请同学们仔细观察，写出各标示部位的名称。

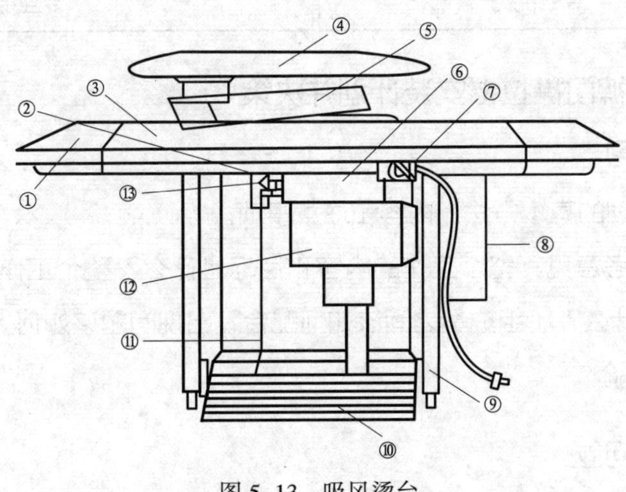

图 5-13　吸风烫台

① ____________　② ____________　③ ____________

④ ____________　⑤ ____________　⑥ ____________

⑦ ____________　⑧ ____________　⑨ ____________

⑩ ________________ ⑪ ________________ ⑫ ________________

⑬ ________________

小贴士

吸风烫台作业时，有两次吸风过程，第一次吸风是将熨烫物固定在烫台工作面上，第二次吸风是熨烫后的即时吸风抽湿，使服装迅速冷却定型。烫台和摇臂烫凳之间的吸风转换一般由模臂控制完成。

性能优越的烫台，标准化程度高，各部件组合配套全面，摇臂烫凳更换方便，作业的台面高度可以根据操作者的需要调节；台面耐高温又抽湿快，吸附力强，使熨烫物受力均匀，滤尘完全，除湿充分。

引导、评价、更正与完善

在教师讲评引导的基础上，对本阶段的学习活动成果进行自我评分和小组评分（100 分制），之后独立用红笔对本阶段的引导问题的回答进行更正和完善。

项目	类别	分数	项目	类别	分数
个人自评分	关键能力		小组评分	关键能力	
	专业能力			专业能力	

（二）制订裤门襟拉链安装计划并决策

1. 知识学习

学习制订计划的基本方法、内容和注意事项。

计划制订参考意见：整个工作的内容和目标是什么？整个工作分几步实施？工作过程中要注意什么？小组成员之间该如何配合？出现问题该如何处理？

2. 学习检验

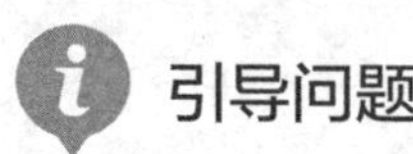

（1）请简要写出你们的小组工作计划。

____

____

____

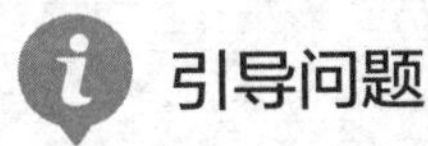

引导问题

（2）你在制订计划的过程中承担了什么工作，有什么体会？

____

____

引导问题

（3）教师对于小组的计划给出了什么修改建议，为什么？

____

____

引导问题

（4）你认为计划中哪些地方比较难实施，为什么？你有什么想法？

____

____

引导问题

（5）小组最终作出了什么决定？是如何作出的？

____

____

引导、评价、更正与完善

在教师讲评引导的基础上，对本阶段的学习活动成果进行自我评分和小组评分（100 分制），之后独立用红笔对本阶段的引导问题的回答进行更正和完善。

项目	类别	分数	项目	类别	分数
个人自评分	关键能力		小组评分	关键能力	
	专业能力			专业能力	

（三）裤门襟拉链安装与检验

1. 知识学习

请同学们认真阅读裤门襟拉链安装生产工艺单，然后回答以下引导问题。

 引导问题

（1）简述裤门襟拉链安装的工艺要求。

____

____

 引导问题

（2）简述裤门襟拉链安装的流程。

____

____

2. 操作演示

请扫描二维码，观看裤门襟拉链安装视频。

3. 技能训练

 引导问题

（1）请同学们根据裤门襟拉链安装工艺流程，结合观看视频和教师示范，在教师的指导下，完成裤门襟拉链的安装、车缝与整烫，并独立回答以下问题。图 5-14 所示是装裤门襟示意图。

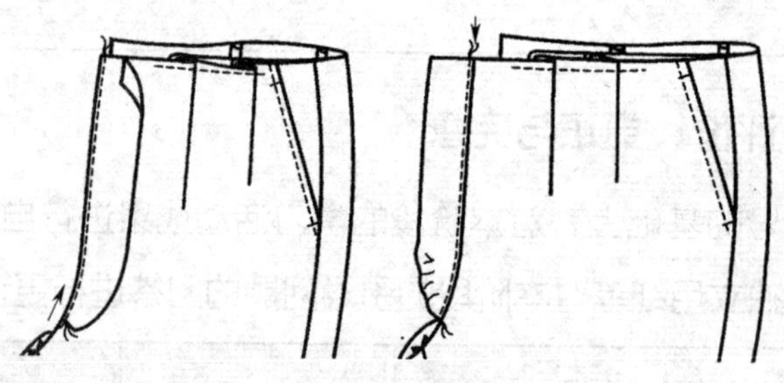

图 5-14　装裤门襟示意图

①门襟一般是装在左前裤片还是右前裤片？______________________________

____

②装门襟时，缝份是多少？有什么方法可以防止门襟止口反吐？

____

____

③装门襟拉链时，拉链上止离门襟上口应为多少厘米？

④如果拉链装到小裆弯线处，你会怎么处理？

引导问题

（2）请你想一想，缝合前后裆缝时（见图 5-15），需注意什么？

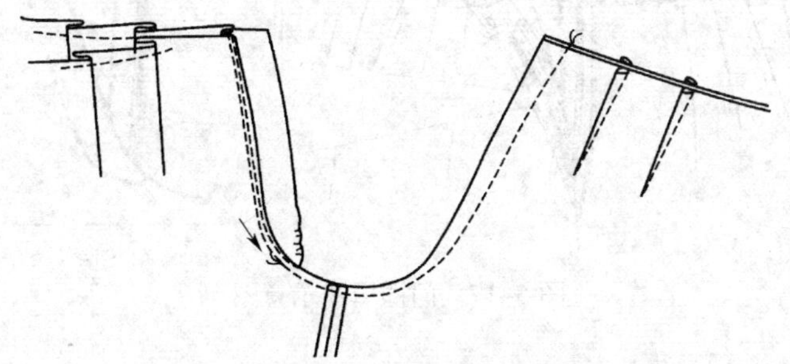

图 5-15　缝合前后裆缝示意图

引导问题

（3）你装的里襟平服吗？请简述装里襟的流程（见图 5-16）。

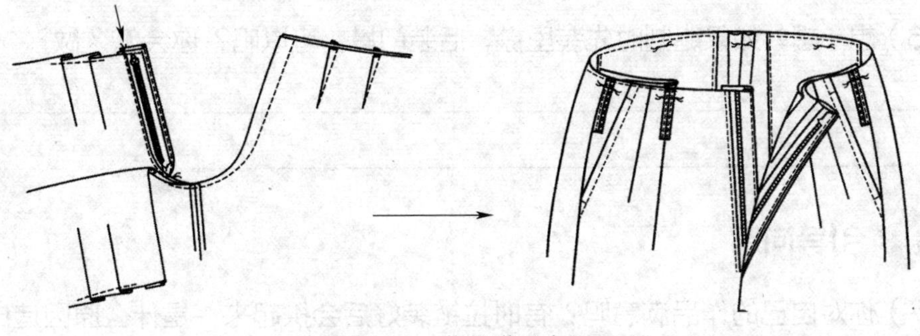

图 5-16　装里襟示意图

引导问题

（4）门襟缉线从什么位置开始（见图 5-17）？你是怎样缉门襟线的？

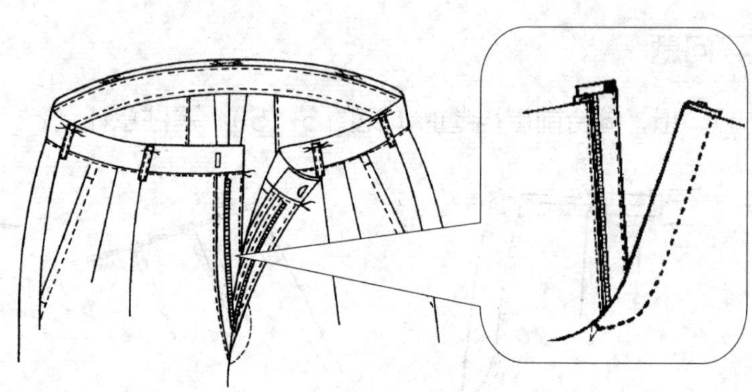

图 5-17　门襟缉线示意图

引导问题

（5）部件检查时，如果门襟、里襟长短不一致，是什么原因造成的？如何修正？

引导问题

（6）想一想，如果缝制时先装里襟，后装门襟，可以吗？你会怎么做？

引导问题

（7）你对自己的作品满意吗？有时拉链装好后会拱起来，是什么原因造成的？你会解决这个问题吗？

引导问题

（8）请同学们在教师的指导下，各自核对发放的材料及其种类（面料、里料、衬料、样板、辅料等）、数量、纱向，填写在表 5-16 中。

表 5-16　　材料明细表

材料名称	材料种类	材料数量	材料纱向

4. 学习检验

训练

（1）请同学们在教师的指导下，参照世界技能大赛评分标准完成裤门襟拉链安装成品的质量检验，独立填写表 5-17，并将裤门襟拉链安装、调整到位。

表 5-17　　裤门襟拉链安装评分表（参照世界技能大赛评分标准）

序号	分值	评分项目	评分内容	评分标准	得分
1	15	裤门襟拉链安装的完成度	按照工艺要求完成制作	完成得分，未完成不得分	
2	15	整洁度	外观干净整洁、无脏斑、无过度熨烫、无熨烫不足、无线头、无破损	有一处错误扣 5 分，扣完为止	
3	20	规格	尺寸规格达到要求，门襟宽 4.5 cm，误差小于 0.2 cm；里襟宽 3.5 cm，误差小于 0.2 cm；里襟缉线宽 3.5 cm，误差小于 0.1 cm；门襟、里襟长短误差小于 0.3 cm	有一处错误扣 5 分，扣完为止	
4	10	裁片丝绺	裁片丝绺准确，有条格的面料需对条、对格	有一处错误扣 5 分，扣完为止	
5	10	线迹	线迹密度：14 ~ 17 针 /3 厘米，误差小于 2 针 /3 厘米，线迹松紧适度，且中间无跳线、断线、接线	有一处错误扣 5 分，扣完为止	

续表

序号	分值	评分项目	评分内容	评分标准	得分
6	20	外观	门襟、里襟缉线顺直，封口处无起吊，门襟不短于里襟；拉链高低左右一致；拉链平服，无外露，无反吐，不起绺	有一处错误扣5分，扣完为止	
7	10	工作区整洁	工作结束后，工作区要整理干净，物品摆放整齐，电源关闭	有一处错误扣5分，扣完为止	
合计得分					

引导问题

（2）请同学们以小组为单位，完成表 5-18 的填写。

表 5-18　　设备使用记录表

使用设备名称		是否正常使用	
		是	否，是如何处理的
裁剪设备			
缝制设备			
整烫设备			

引导、评价、更正与完善

在教师讲评引导的基础上，对本阶段的学习活动成果进行自我评分和小组评分（100 分制），之后独立用红笔对本阶段的引导问题的回答进行更正和完善。

项目	类别	分数	项目	类别	分数
个人自评分	关键能力		小组评分	关键能力	
	专业能力			专业能力	

（四）成果展示与评价反馈

1. 知识学习

裤门襟拉链安装成品建议在干净的工作台上平面展示。

通过观察裤门襟拉链安装成品外观是否干净整洁，门襟、里襟缉线是否顺直，封口处有无起吊，拉链是否平服、无外露、无反吐、不起绺等来判断其工艺质量是否达到要求；通过测量裤门襟、里襟宽，门襟缉线宽来判断其尺寸是否符合要求；同时，还要比对门襟是否不短于里襟，拉链高低是否左右一致，最终进行整体评价。

世界技能大赛链接

图 5-18 所示是第 42 届世界技能大赛时装技术项目获得第五名选手的作品。该作品中的裤子就是采用了装门襟拉链的设计。

图 5-18　装门襟拉链的裤子

2. 技能训练

实践

（1）将裤门襟拉链安装成品平铺在干净的工作台上进行平面展示。

自我评价

（2）依据表 5-17，对平铺展示的裤门襟拉链安装成品进行自我评价和小组评价。

3. 学习检验

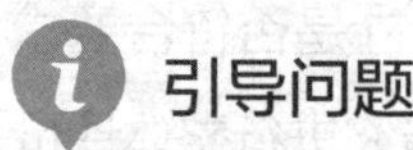

引导问题

（1）在教师的指导下，在小组内进行作品展示，然后经由小组讨论，推选出一组最佳作品，进行全班展示与评价，并由组长简要介绍推选的理由，小组其他成员补充并记录。

小组最佳作品制作人：________________

推选理由：____

____

____

其他小组评价意见：____

____

____

教师评价意见：____

____

____

引导问题

（2）将本次学习活动出现的问题及其产生的原因和解决的办法填写在表 5-19 中。

表 5-19　问题分析表

出现的问题	产生的原因	解决的办法

自我评价

（3）将本次学习活动中自己最满意的地方和最不满意的地方各写一点，并简要说明原因，然后完成表 5-20 中相关内容的填写。

最满意的地方：________________________________

____

最不满意的地方：________________________________

____

表 5-20　　　　　　　　学习活动考核评价表

学习活动名称：裤门襟拉链安装

班级：　　　　学号：　　　　姓名：　　　　指导教师：

<table>
<tr><th rowspan="3">评价项目</th><th rowspan="3">评价标准</th><th rowspan="3">评价依据</th><th colspan="3">评价方式</th><th rowspan="3">权重</th><th rowspan="3">得分小计</th><th rowspan="3">总分</th></tr>
<tr><th>自我评价</th><th>小组评价</th><th>教师（企业）评价</th></tr>
<tr><th>10%</th><th>20%</th><th>70%</th></tr>
<tr><td>关键能力</td><td>1. 能穿戴劳保服装，遵守安全生产操作规程
2. 能参与小组讨论，制订计划，相互交流与评价
3. 能积极主动、勤学好问
4. 能清晰、准确地与相关人员进行沟通
5. 能清扫场地和机台，归置物品，填写设备使用记录</td><td>1. 课堂表现
2. 工作页填写</td><td></td><td></td><td></td><td>40%</td><td></td><td rowspan="2"></td></tr>
<tr><td>专业能力</td><td>1. 能区分不同的拉链类型
2. 能叙述裤门襟拉链安装所用工具和设备的名称与功能
3. 能识读裤门襟拉链安装生产工艺单，明确工艺要求，叙述其安装流程
4. 能在教师指导下，完成裤门襟拉链安装的全过程
5. 能按照企业标准（或世界技能大赛评分标准）对裤门襟拉链安装成品进行质量检验，并进行展示</td><td>1. 课堂表现
2. 工作页填写
3. 提交的作品</td><td></td><td></td><td></td><td>60%</td><td></td></tr>
<tr><td>指导教师综合评价</td><td colspan="8">

指导教师签名：　　　　　　　　　　日期：</td></tr>
</table>

三、学习拓展

说明：本阶段学习拓展建议课时为 2 ~ 4 课时，要求学生在课后独立完成。教师可根据本校的教学需要和学生的实际情况，选择部分或全部内容进行实践，也可另行选择相关拓展内容，亦可不实施本学习拓展，将其所省课时用于学习过程阶段实践内容的强化。

拓展

请同学们在教师指导下，通过小组讨论交流，写出图 5-19 所示牛仔裤的门襟拉链安装的流程。

图 5-19　安装拉链的牛仔裤

查询与收集

请同学们通过查阅相关学习材料或企业生产工艺单，选择 2 款裤子，说说安装拉链的工艺要求和制作流程。

学习活动 3 茄克衫门襟拉链安装

学习目标

1. 能严格遵守工作制度，服从工作安排，按要求准备好茄克衫门襟拉链安装所需的工具、设备、材料与各项技术文件。

2. 能正确识读茄克衫门襟拉链安装各项技术文件，明确茄克衫门襟拉链安装的流程、方法和注意事项。

3. 能查阅相关技术资料，制订茄克衫门襟拉链安装计划，并在教师的指导下，通过小组讨论作出决策。

4. 能依据技术文件要求，结合茄克衫门襟拉链安装规范，独立完成茄克衫门襟拉链安装、检查与复核工作。

5. 能按照企业标准（或世界技能大赛评分标准）对茄克衫门襟拉链安装成品进行质量检验，并依据检验结果，将茄克衫门襟拉链安装、调整到位。

6. 能记录茄克衫门襟拉链安装过程中的疑难点，通过小组讨论、合作探究，或在教师的指导下，提出较为合理的解决办法。

7. 能展示、评价茄克衫门襟拉链安装各阶段成果，并根据评价结果，作出相应反馈。

一、学习准备

1. 服装制作学习工作室、缝制设备、整烫设备。

2. 劳保服装、安全生产操作规程、生产工艺单（见表 5-21）、服装缝制工艺相关学习材料。

3. 分成学习小组（以英文大写字母命名，每组 5 ~ 6 人），分组信息填写在表 5-22 中。

表 5-21　　茄克衫门襟拉链安装生产工艺单

部件名称	茄克衫门襟拉链	
款式图与款式说明	款式图	款式说明： 1. 门襟缉线宽 6 cm 2. 里襟缉线宽 4 cm
工艺要求	1. 采用 14 号机针，线迹密度为 13 ~ 14 针 /3 厘米，误差小于 2 针 /3 厘米，线迹松紧适度，且中间无跳线、断线、接线 2. 尺寸规格达到要求，门襟缉线宽误差小于 0.2 cm，里襟缉线宽误差小于 0.3 cm 3. 门襟、里襟长短一致，止口顺直、平服、不外吐 4. 拉链的高低左右一致 5. 拉链平服，不起绺 6. 熨烫平服，无烫黄、变色，无污渍、水花、线头 7. 作品整洁、美观 8. 遵守各项规章制度，正确使用工具、设备	
制作流程	核对裁片，标记、定位→烫衬→固定右拉链与里襟→装右挂面→缉右门襟明线→标记、定位→固定左拉链与左挂面→缉左门襟明线→整烫、整理→质量检验	
备注		

表 5-22　　小组编号表

组号	组内成员及编号	组长姓名	组长编号	本人姓名	本人编号

提个醒

请同学们检查一下，熨烫工具有没有放在支架上？离开烫台时，有没有及时拔掉熨斗插头？

二、学习过程

（一）明确工作任务、获取相关信息

1. 知识学习

小贴士

茄克衫又称“夹克衫”，指衣长较短，宽胸围、紧袖口、紧下摆式样的上衣，通常为开衫、紧腰、松肩。大多数茄克衫在门襟开口处装拉链，或配以揿扣，牢固结实又灵活好用。茄克衫的款式如图 5-20 所示。

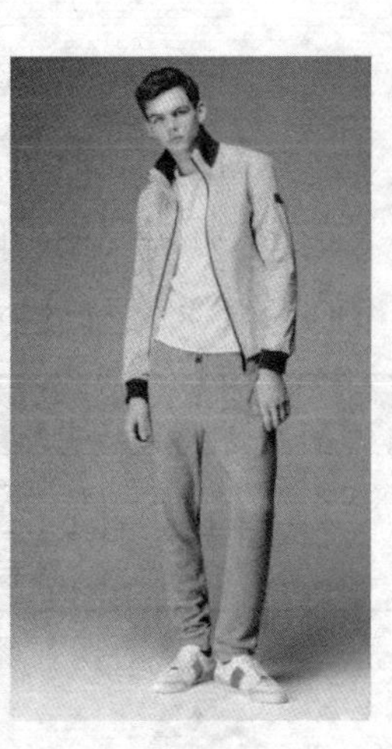

图 5-20　不同款式的茄克衫

查询与收集

（1）请同学们通过网络调查或企业调查，选择 1 款门襟装拉链的茄克衫生产工艺单，摘抄其门襟部位的工艺要求和制作流程。

____

____

引导问题

（2）茄克衫所用的拉链一般是开口拉链或双开拉链（见图 5-21），你知道它们的特点吗？

____

____

(a) 开口拉链

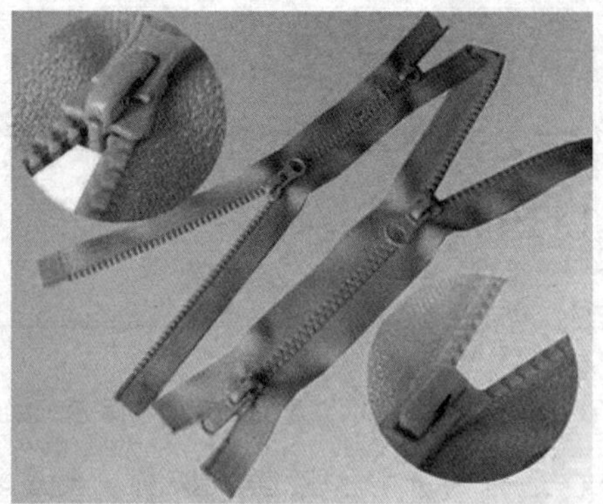
(b) 双开拉链

图 5–21　开口拉链和双开拉链

引导、评价、更正与完善

在教师讲评引导的基础上，对本阶段的学习活动成果进行自我评分和小组评分（100 分制），之后独立用红笔对本阶段的引导问题的回答进行更正和完善。

项目	类别	分数	项目	类别	分数
个人自评分	关键能力		小组评分	关键能力	
	专业能力			专业能力	

世界技能大赛链接

图 5–22 所示是第 44 届世界技能大赛时装技术项目国家集训队“十进五”比赛中选手的作品。该作品上衣采用的就是暗拉链设计。

图 5–22　暗拉链牛仔服

2. 学习检验

(1) 在教师的引导下，独立完成表 5-23 的填写。

表 5-23　　学习任务与学习活动简要归纳表

本次学习任务的名称	
本次学习活动的名称	
本次学习活动的主要目标	
你认为本次学习活动中，哪些目标的实现难度较大	

(2) 同学们已接触过多种面料了，你知道它们的熨烫适宜温度和时间吗？请进行小组讨论，完成表 5-24 的填写。

表 5-24　　面料熨烫参数

序号	面料种类	耐热温度 /℃	熨烫时间 /s
1	麻		
2	棉		
3	毛		
4	真丝		
5	人造丝		
6	尼龙		

(3) 图 5-23 所示为不同尺寸的摇臂烫凳，请同学们在小组交流后说出图中的摇臂烫凳分别适合熨烫服装的什么部位？

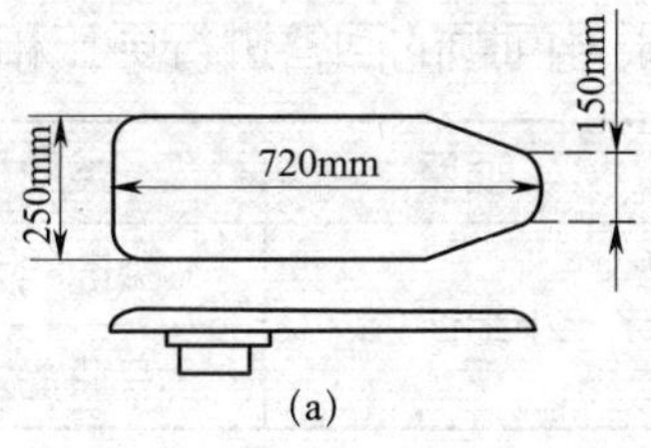

(a)

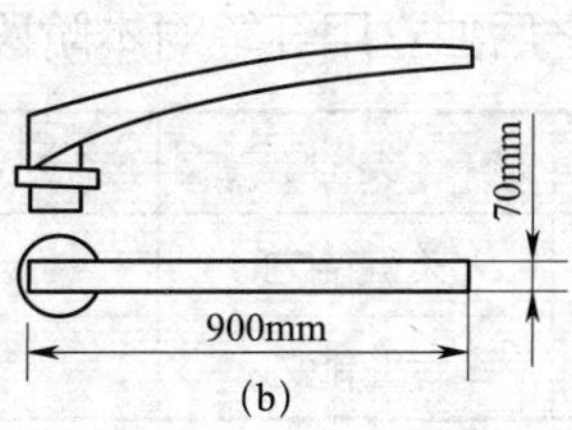

(b)

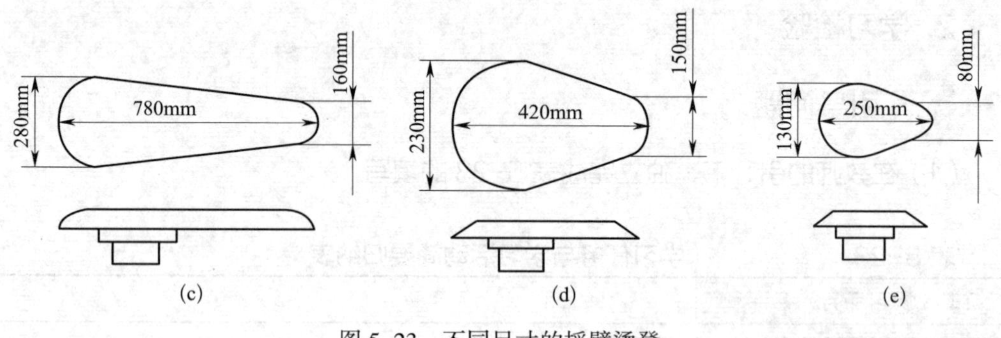

图 5–23　不同尺寸的摇臂烫凳

小贴士

摇臂烫凳为空腔结构，可以吸风定型。各类摇臂烫凳按服装各部位的熨烫要求设计，客户在购置烫台时可按需要配置摇臂烫凳。图 5–24 所示为烫台中选配的各式摇臂烫凳。

图 5–24　烫台中的摇臂烫凳

引导、评价、更正与完善

在教师讲评引导的基础上，对本阶段的学习活动成果进行自我评分和小组评分（100 分制），之后独立用红笔对本阶段的引导问题的回答进行更正和完善。

项目	类别	分数	项目	类别	分数
个人自评分	关键能力		小组评分	关键能力	
	专业能力			专业能力	

（二）制订茄克衫门襟拉链安装计划并决策

1. 知识学习

学习制订计划的基本方法、内容和注意事项。

计划制订参考意见：整个工作的内容和目标是什么？整个工作分几步实施？工作过程中要注意什么？小组成员之间该如何配合？出现问题该如何处理？

2. 学习检验

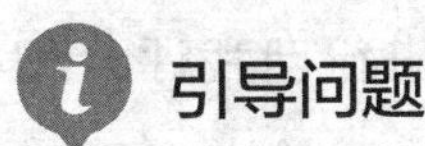

（1）请简要写出你们的小组工作计划。

引导问题

（2）你在制订计划的过程中承担了什么工作，有什么体会？

引导问题

（3）教师对于小组的计划给出了什么修改建议，为什么？

引导问题

（4）你认为计划中哪些地方比较难实施，为什么？你有什么想法？

引导问题

（5）小组最终作出了什么决定？是如何作出的？

引导、评价、更正与完善

在教师讲评引导的基础上，对本阶段的学习活动成果进行自我评分和小组评分（100分制），之后独立用红笔对本阶段的引导问题的回答进行更正和完善。

项目	类别	分数	项目	类别	分数
个人自评分	关键能力		小组评分	关键能力	
	专业能力			专业能力	

（三）茄克衫门襟拉链安装与检验

1. 知识学习

请同学们认真阅读茄克衫门襟拉链安装生产工艺单，然后回答以下引导问题。

引导问题

（1）简述茄克衫门襟拉链安装的工艺要求。

引导问题

（2）简述茄克衫门襟拉链安装的流程。

2. 操作演示

请扫描二维码，观看茄克衫门襟拉链安装视频。

3. 技能训练

引导问题

（1）请同学们根据茄克衫门襟拉链安装流程，结合观看视频和教师示范，在教师的指导下，完成茄克衫门襟拉链安装的车缝与整烫，并独立回答以下问题。

①固定拉链时，缉线距离链牙多远？为什么？

____

____

②观察并总结教师是怎样保证拉链高低左右一致的。

____

____

③装拉链时要求拉链宁紧勿松，这是为什么？

____

____

引导问题

（2）为了方便绱领子和做登闩，装拉链时，上下两端都需留一点不缉缝，如图 5-25 所示，需要留多少呢？为什么？

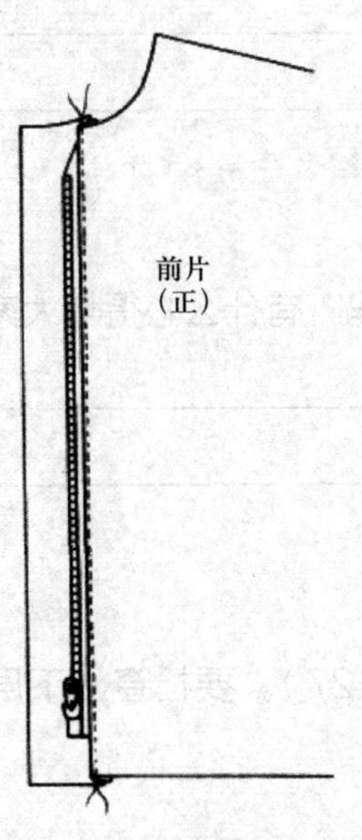

图 5-25　装拉链示意图

 引导问题

（3）你是如何安装里襟拉链的（见图 5-26），请简述安装流程。

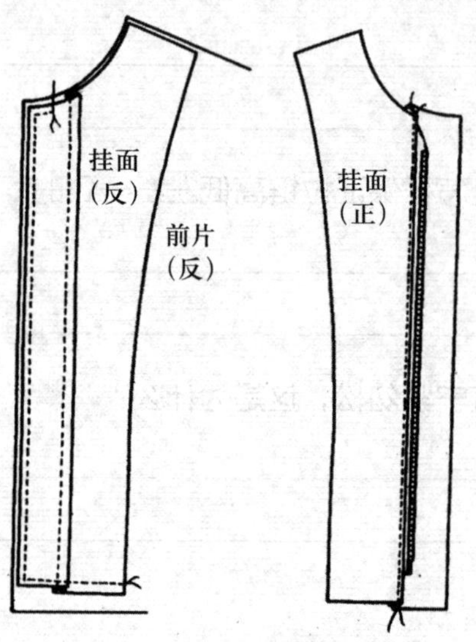

图 5-26 里襟及其拉链安装示意图

 引导问题

（4）你对自己的作品满意吗？有什么心得与大家分享？

 引导问题

（5）拉链拉合后（见图 5-27），要检查上下层衣片对合是否一致。如果不一致，你将怎样修改？

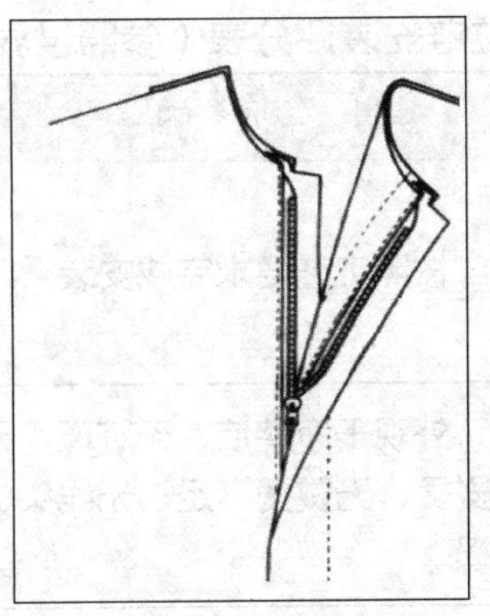

图 5-27　拉合拉链

引导问题

（6）请同学们在教师的指导下，各自核对发放的材料及其种类（面料、里料、衬料、样板、辅料等）、数量、纱向，填在表 5-25 中。

表 5-25　　材料明细表

材料名称	材料种类	材料数量	材料纱向

4. 学习检验

训练

（1）请同学们在教师的指导下，参照世界技能大赛评分标准完成茄克衫门襟拉链安装成品的质量检验，独立填写表 5-26，将茄克衫门襟拉链安装调整到位。

表 5-26　　茄克衫门襟拉链安装评分表（参照世界技能大赛评分标准）

序号	分值	评分项目	评分内容	评分标准	得分
1	15	茄克衫门襟拉链安装的完成度	按照工艺要求完成安装	完成得分，未完成不得分	
2	15	整洁度	外观干净整洁、无脏斑、无过度熨烫、无熨烫不足、无线头、无破损	有一处错误扣5分，扣完为止	
3	20	规格	尺寸规格达到要求，门襟缉线宽6 cm，误差小于0.2 cm；里襟宽4 cm，误差小于0.3 cm	有一处错误扣5分，扣完为止	
4	10	裁片丝绺	裁片丝绺准确，有条格的面料需对条、对格	有一处错误扣5分，扣完为止	
5	10	线迹	线迹密度：13 ~ 14 针 /3 厘米，误差小于 2 针 /3 厘米，线迹松紧适度，且中间无跳线、断线、接线	有一处错误扣5分，扣完为止	
6	20	外观	门襟、里襟长短一致，止口顺直、平服、不外吐；拉链的高低左右一致；拉链平服，不起绺	有一处错误扣5分，扣完为止	
7	10	工作区整洁	工作结束后，工作区要整理干净，物品摆放整齐，电源关闭	有一处错误扣5分，扣完为止	
合计得分					

引导问题

（2）请同学们以小组为单位，完成表 5-27 的填写。

表 5-27　　设备使用记录表

使用设备名称		是否正常使用	
		是	否，是如何处理的
裁剪设备			
缝制设备			
整烫设备			

引导、评价、更正与完善

在教师讲评引导的基础上，对本阶段的学习活动成果进行自我评分和小组评分（100 分制），之后独立用红笔对本阶段的引导问题的回答进行更正和完善。

项目	类别	分数	项目	类别	分数
个人自评分	关键能力		小组评分	关键能力	
	专业能力			专业能力	

（四）成果展示与评价反馈

1. 知识学习

茄克衫门襟拉链安装成品建议在干净的工作台上平面展示。

通过观察茄克衫门襟拉链安装成品外观是否干净整洁，止口是否顺直、平服、不外吐，拉链是否平服、不起绺来判断其工艺质量是否达到要求；通过测量茄克衫门襟、里襟缉线宽来判断其尺寸是否符合要求；同时，还要比对门襟与里襟是否长短一致，拉链高低是否左右一致，最终进行总体评价。

世界技能大赛链接

图 5–28 所示是第 44 届世界技能大赛时装技术项目国家集训队“十进五”比赛中选手的设计作品。该作品上衣采用的是明拉链设计。

图 5–28　明拉链牛仔服上衣

2. 技能训练

(1) 将茄克衫门襟拉链安装成品平铺在干净的工作台上进行平面展示。

自我评价

(2) 依据表 5-26，对平铺展示的茄克衫门襟拉链安装成品进行自我评价和小组评价。

3. 学习检验

引导问题

(1) 在教师的指导下，在小组内进行作品展示，然后经由小组讨论，推选出一组最佳作品，进行全班展示与评价，并由组长简要介绍推选的理由，小组其他成员补充并记录。

小组最佳作品制作人：________________

推选理由：____

____

____

其他小组评价意见：________________________________

____

____

教师评价意见：____________________________________

____

____

引导问题

(2) 将本次学习活动出现的问题及其产生的原因和解决的办法填写在表 5-28 中。

表 5-28　　问题分析表

出现的问题	产生的原因	解决的办法

自我评价

（3）将本次学习活动中自己最满意的地方和最不满意的地方各写一点，并简要说明原因，然后完成表 5-29 中相关内容的填写。

最满意的地方：__________

最不满意的地方：__________

表 5-29　　学习活动考核评价表

学习活动名称：茄克衫门襟拉链安装

班级：　　学号：　　姓名：　　指导教师：

评价项目	评价标准	评价依据	评价方式			权重	得分小计	总分
			自我评价	小组评价	教师（企业）评价			
			10%	20%	70%			
关键能力	1. 能穿戴劳保服装，遵守安全生产操作规程 2. 能参与小组讨论，制订计划，相互交流与评价 3. 能积极主动、勤学好问 4. 能清晰、准确地与相关人员进行沟通 5. 能清扫场地和机台，归置物品，填写设备使用记录	1. 课堂表现 2. 工作页填写				40%		

续表

<table>
<tr><th rowspan="3">评价项目</th><th rowspan="3">评价标准</th><th rowspan="3">评价依据</th><th colspan="3">评价方式</th><th rowspan="3">权重</th><th rowspan="3">得分小计</th><th rowspan="3">总分</th></tr>
<tr><th>自我评价</th><th>小组评价</th><th>教师（企业）评价</th></tr>
<tr><th>10%</th><th>20%</th><th>70%</th></tr>
<tr><td>专业能力</td><td>1. 能区分不同类型的拉链
2. 能叙述茄克衫门襟拉链安装所用工具和设备的名称与功能
3. 能识读茄克衫门襟拉链安装生产工艺单，明确工艺要求，叙述其安装流程
4. 能在教师指导下，完成茄克衫门襟拉链安装的全过程
5. 能按照企业标准（或世界技能大赛评分标准）对茄克衫门襟拉链安装成品进行质量检验，并进行展示</td><td>1. 课堂表现
2. 工作页填写
3. 提交的作品</td><td></td><td></td><td></td><td>60%</td><td></td><td></td></tr>
<tr><td>指导教师综合评价</td><td colspan="8">

指导教师签名：　　　　　　　　　　日期：</td></tr>
</table>

三、学习拓展

说明：本阶段学习拓展建议课时为 2 ～ 4 课时，要求学生在课后独立完成。教师可根据本校的教学需要和学生的实际情况，选择部分或全部内容进行实践，也可另行选择相关拓展内容，亦可不实施本学习拓展，将其所省课时用于学习过程阶段实践内容的强化。

拓展

请同学们在教师指导下，通过小组讨论交流，完成图 5-29 所示茄克衫门襟拉链的安装。该茄克衫门襟宽 6 cm。

图 5-29　茄克衫

查询与收集

请同学们通过查阅相关学习材料或企业生产工艺单，选择 2 款茄克衫，说出安装拉链的工艺要求和安装流程。

学习任务六
服饰配件制作

学习目标

1. 能读懂服饰配件制作生产工艺单，明确加工内容、数量及工期等要求。

2. 能仔细查看服饰配件制作生产工艺单的内容，明确服饰配件制作标准和工艺要求，按要求领取工具和材料。

3. 能根据服饰配件结构特点、工艺要求和面料特性，合理选择、调试、使用和维护加工设备，按照安全生产操作规程，实施安全操作。

4. 能根据任务要求，合理选择工艺制作方法，独立完成服饰配件制作，做到缉线顺直、缝份一致、点位对齐、丝绺平顺、熨烫到位。

5. 能使用专业术语与相关人员有效沟通，高效地解决制作过程中的技术问题。

6. 能按照服饰配件质量检验标准（可参考世界技能大赛时装技术项目标准）对服饰配件进行自检、修改，确保产品质量。

7. 能正确保养设备并认真填写“设备保养记录表”。

8. 在工作过程中，能遵守“8S”管理规定，逐渐养成认真负责、规范有序、严谨细致的良好职业素养。

建议课时

12 学时。

学习任务描述

在服装企业的生产流水线上，服饰配件制作是一项常见任务。接到班组长安排的任务后，作业人员在车缝机位上，依据生产工艺单的具体要求，领取服饰配件裁片，独立完成服饰配件裁片核对，标记、定位，裁片缝制和质量检验等工序，并将完成的工件交由下一道工序的作业人员。

学习活动

1. 盘扣制作。

2. 布艺玫瑰花制作。

3. 领结制作。

学习活动 1
盘 扣 制 作

学习目标

1. 能严格遵守工作制度，服从工作安排，按要求准备好盘扣制作所需的工具、设备、材料与各项技术文件。

2. 能正确识读盘扣制作各项技术文件，明确盘扣制作的流程、方法和注意事项。

3. 能查阅相关技术资料，制订盘扣的制作计划，并在教师的指导下，通过小组讨论作出决策。

4. 能依据技术文件要求，结合盘扣制作规范，独立完成盘扣的制作、检查与复核工作。

5. 能按照企业标准（或世界技能大赛评分标准）对盘扣进行质量检验，并依据检验结果，将盘扣修改、调整到位。

6. 能记录盘扣制作过程中的疑难点，通过小组讨论、合作探究，或在教师的指导下，提出较为合理的解决办法。

7. 能展示、评价盘扣制作各阶段成果，并根据评价结果，作出相应反馈。

一、学习准备

1. 服装制作学习工作室、缝制设备、整烫设备。

2. 劳保服装、安全生产操作规程、生产工艺单（见表 6-1）、服装缝制工艺相关学习材料。

3. 分成学习小组（以英文大写字母命名，每组 5 ~ 6 人），分组信息填写在表 6-2 中。

表 6–1　　盘扣生产工艺单

部件名称	盘扣	
款式图与款式说明	款式图	款式说明： 1. 左侧图：一字扣（直盘扣），将一根盘扣条编结成球状的扣坨；另一根对折，成扣袢 2. 右侧图：琵琶扣，以纽扣结为基础，再加以变化，成品形似乐器琵琶
工艺要求	1. 盘扣条可手工缝制也可机缝。机缝使用 11 号机针，线迹密度为 16 ~ 18 针 /3 厘米，线迹松紧适度 2. 斜布条必须成 45° 正斜丝裁剪，要上下宽窄一致 3. 扣坨编结完成后，应均匀拉紧，呈结实坚硬的圆珠状 4. 装钉扣坨和扣袢时，针脚要密而美观，不能有明显的针脚痕迹 5. 盘扣里外光洁，线头清理干净 6. 作品整洁、美观，无水渍、污渍，无破损 7. 遵守各项规章制度，正确使用工具、设备	
制作流程	核对材料→制作盘扣条→制作扣坨→制作扣袢→整理→质量检验	
备注		

表 6–2　　小组编号表

组号	组内成员及编号	组长姓名	组长编号	本人姓名	本人编号

提个醒

请同学们自己检查一下，工作台是否干净整洁？工作场所有没有做好通风消毒工作？

二、学习过程

（一）明确工作任务、获取相关信息

1. 知识学习

引导问题

（1）请同学们通过查阅资料，写出盘扣的起源与发展。

小贴士

盘扣的历史起源无从追溯，它的迅速发展是在清朝。由于满族是游牧民族，擅长骑马狩猎，衣襟不适宜用系带固定，所以盘扣得到大量使用并快速发展。盘扣无论在材质、色彩还是在造型方面都很丰富。盘扣不仅注重其本身的美观性，更加注重与服装整体造型的协调，有些服装设计师还会根据配饰的不同搭配不同材质的盘扣。图 6–1 所示旗袍上的盘扣，采用了与滚边相同的布料。

图 6–1　旗袍上的盘扣

引导问题

（2）请同学们想一想，我们日常穿着的服装和使用的生活用品，通常在哪些部位有盘扣装饰?

小贴士

盘扣是中式服装的常用配饰，时至今日，它非但没有过时，反而以强大的生命力活跃在时装上（见图 6–2），在世界舞台上展现出它独特的魅力。盘扣不仅运用在服装上，在鞋子、包、首饰等方面也有大量应用（见图 6–3）。

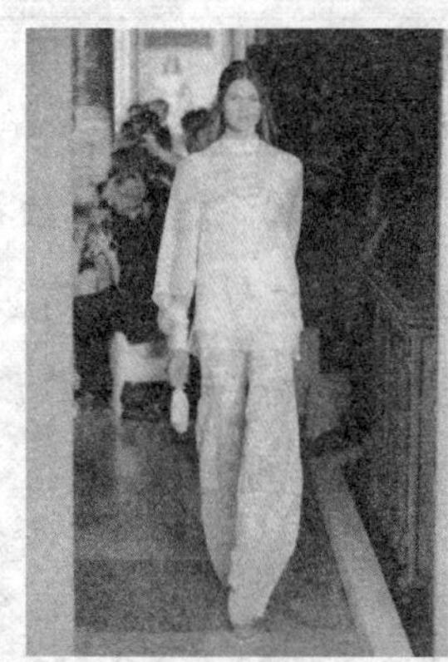

图 6–2　采用盘扣的时装

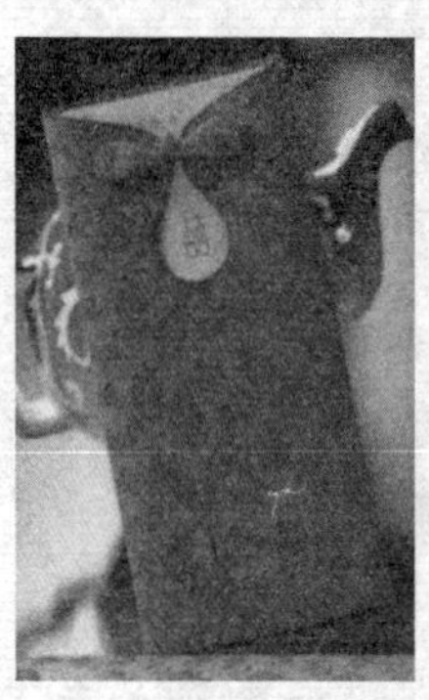

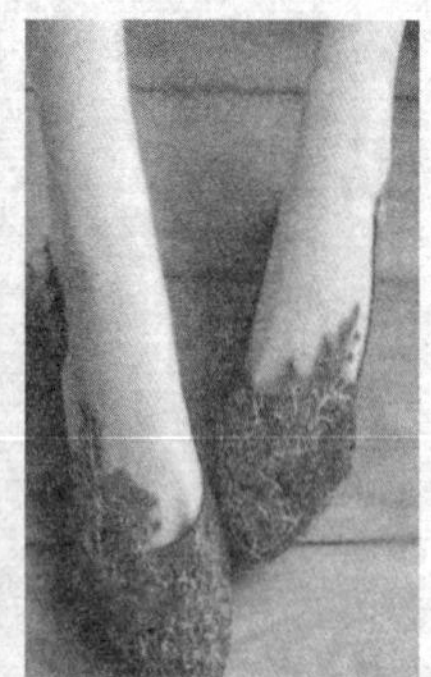

图 6–3　生活中采用盘扣的物品

引导、评价、更正与完善

在教师讲评引导的基础上，对本阶段的学习活动成果进行自我评分和小组评分（100 分制），之后独立用红笔对本阶段的引导问题的回答进行更正和完善。

项目	类别	分数	项目	类别	分数
个人自评分	关键能力		小组评分	关键能力	
	专业能力			专业能力	

世界技能大赛链接

图 6-4 所示是第 45 届世界技能大赛时装技术项目参赛选手的比赛作品，这些作品均采用了盘扣作为配饰。

图 6-4　服装上的盘扣

2. 学习检验

引导问题

在教师的引导下，独立完成表 6-3 的填写。

表 6-3　学习任务与学习活动简要归纳表

本次学习任务的名称	
本次学习任务的主要目标	
本次学习任务的活动内容	
本次学习活动的名称	
本次学习活动的主要目标	
你认为本次学习活动中，哪些目标的实现难度较大	

引导、评价、更正与完善

在教师讲评引导的基础上，对本阶段的学习活动成果进行自我评分和小组评分（100 分制），之后独立用红笔对本阶段的引导问题的回答进行更正和完善。

项目	类别	分数	项目	类别	分数
个人自评分	关键能力		小组评分	关键能力	
	专业能力			专业能力	

（二）制订盘扣制作计划并决策

1. 知识学习

学习制订计划的基本方法、内容和注意事项。

计划制订参考意见：整个工作的内容和目标是什么？整个工作分几步实施？工作过程中要注意什么？小组成员之间该如何配合？出现问题该如何处理？

2. 学习检验

引导问题

（1）请简要写出你们的小组工作计划。

____

____

____

引导问题

（2）你在制订计划的过程中承担了什么工作，有什么体会？

____

____

引导问题

（3）教师对于小组的计划给出了什么修改建议，为什么？

____

____

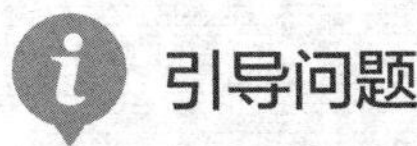

引导问题

（4）你认为计划中哪些地方比较难实施，为什么？你有什么想法？

引导问题

（5）小组最终作出了什么决定？是如何作出的？

引导、评价、更正与完善

在教师讲评引导的基础上，对本阶段的学习活动成果进行自我评分和小组评分（100 分制），之后独立用红笔对本阶段的引导问题的回答进行更正和完善。

项目	类别	分数	项目	类别	分数
个人自评分	关键能力		小组评分	关键能力	
	专业能力			专业能力	

（三）盘扣制作与检验

1. 知识学习

请同学们认真阅读盘扣生产工艺单，然后回答以下引导问题。

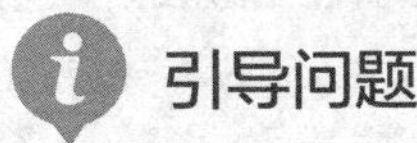

引导问题

（1）简述盘扣制作的工艺要求。

引导问题

（2）简述盘扣的制作流程。

2. 操作演示

请扫描二维码，观看盘扣制作视频。

3. 技能训练

盘扣条的制作大致有以下三种方法。

方法一：将斜布条两边毛口向里折，将其折成四层，手工缝牢（见图 6-5）。如果是薄料可在斜布条中衬几根纱线，使其坚硬耐用。如果是厚料就不必衬纱线了。

方法二：将斜布条正面对折，缉一道线后翻正盘扣条。

方法三：将斜布条两边毛口向里折，将其折成四层，然后沿边缉明线一道。

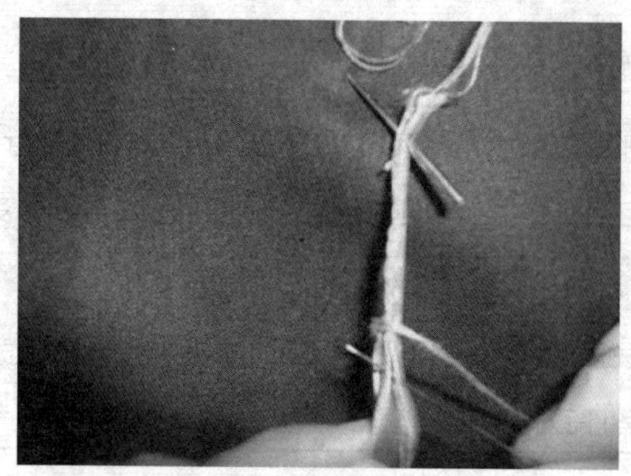

图 6-5　手工缝牢盘扣条

引导问题

（1）请同学们结合观看视频和教师示范，各自进行盘扣条制作的训练，通过练习，分析以上三种制作方法的优缺点。

____

____

引导问题

（2）请同学们结合观看视频和教师示范，各自进行一字扣制作的训练，说一说一字扣完成后应达到什么样的质量标准？

____

____

引导问题

（3）请同学们结合观看视频和教师指导，各自进行琵琶扣制作训练，说一说琵琶扣完成后应达到什么样的质量标准？

____

____

小贴士

盘扣的造型多样，其造型灵感多来源于生活中的事物和具有吉祥意义的图案。盘扣根据造型效果的不同，大致可以分为三个大类：一是仿植物类盘扣，各种花草果实等是其造型的来源，如梅花扣、兰花扣、菊花扣、石榴扣等；二是仿动物类盘扣，如蜻蜓扣、金鱼扣、凤凰扣、蝴蝶扣等；三是仿汉字类盘扣，典型的有祝福老人健康长寿的寿字扣、吉字扣，两性结好时常运用在新娘礼服上的喜字扣、双喜扣等。盘扣见证了人们的智慧、情感和创造力，它不仅仅有连接衣襟、固定衣身的功能，更有表达服装装饰设计内涵的作用。

引导问题

（4）请同学们在教师的示范指导下，各自进行钉盘扣、钉领钩训练，然后查阅相关学习材料，进行小组讨论，并独立回答以下几个问题。

①钉盘扣时，先定好盘扣位置，然后再钉盘扣，每组盘扣的扣坨和扣袢要对称、不露线迹，装钉针脚要密，要钉牢固。正式钉盘扣时，要先把扣坨钉好，然后扣袢要扣上扣坨再缝，这样做的好处是什么？

____

____

②钉领钩时，领钩钉在大襟的圆领角上，领环钉在小襟的圆领角上，为什么？

____

____

 引导问题

（5）请同学们在教师的指导下，各自核对发放的材料及其种类（面料、辅料等）、数量、纱向，填在表 6-4 中。

表 6-4　　材料明细表

材料名称	材料种类	材料数量	材料纱向

4. 学习检验

 训练

（1）请同学们在教师的指导下，参照世界技能大赛评分标准完成盘扣成品的质量检验，独立填写表 6-5，并将盘扣修改、调整到位。

表 6-5　　盘扣制作评分表（参照世界技能大赛评分标准）

序号	分值	评分项目	评分内容	评分标准	得分
1	15	盘扣制作的完成度	按照工艺要求完成制作	完成得分，未完成不得分	
2	15	整洁度	外观干净整洁、无脏斑、无线头、无破损	有一处错误扣 5 分，扣完为止	
3	20	规格	尺寸规格达到要求，扣坨和扣袢相匹配	有一处错误扣 5 分，扣完为止	
4	10	裁片丝绺	裁片丝绺准确	有一处错误扣 5 分，扣完为止	
5	10	线迹	线迹松紧适度	有一处错误扣 5 分，扣完为止	

续表

序号	分值	评分项目	评分内容	评分标准	得分
6	20	外观	扣坨呈结实坚硬的圆珠状；针脚要密而美观，无明显针脚痕迹	有一处错误扣5分，扣完为止	
7	10	工作区整洁	工作结束后，工作区要整理干净，物品摆放整齐，电源关闭	有一处错误扣5分，扣完为止	
合计得分					

引导问题

（2）请同学们以小组为单位，完成表 6-6 的填写。

表 6-6　　设备使用记录表

使用设备名称		是否正常使用	
		是	否，是如何处理的
裁剪设备			
缝制设备			
整烫设备			

引导、评价、更正与完善

在教师讲评引导的基础上，对本阶段的学习活动成果进行自我评分和小组评分（100 分制），之后独立用红笔对本阶段的引导问题的回答进行更正和完善。

项目	类别	分数	项目	类别	分数
个人自评分	关键能力		小组评分	关键能力	
	专业能力			专业能力	

（四）成果展示与评价反馈

1. 知识学习

盘扣成品建议在干净的工作台上平面展示。

通过观察盘扣外观是否干净整洁，装钉针脚是否密而美观，来判断其工艺质量是否达到要求；同时，还要比对扣坨和扣袢是否相匹配，最终进行总体评价。

世界技能大赛链接

图 6-6 所示是第 45 届世界技能大赛时装技术项目获得前三名的选手的参赛作品，从左向右依次是来自中国、巴西和中国台湾的选手的作品。这些作品上均有盘扣的装饰设计。

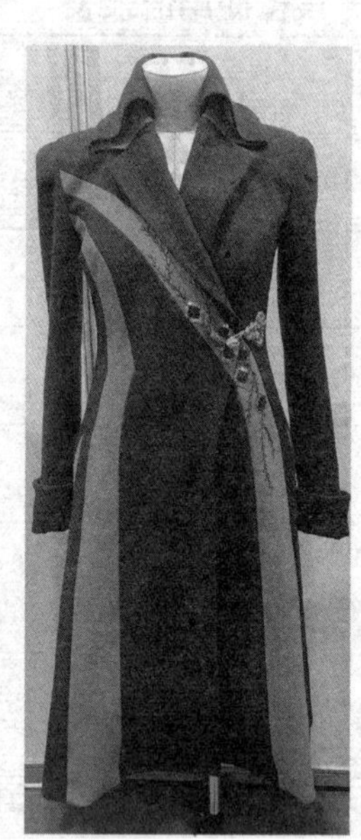

图 6-6　有盘扣装饰的大衣

2. 技能训练

 实践

（1）将盘扣平放在干净的工作台上进行平面展示。

自我评价

（2）依据表 6-5，对平放展示的盘扣进行自我评价和小组评价。

3. 学习检验

引导问题

（1）在教师的指导下，在小组内进行作品展示，然后经由小组讨论，推选出一组最佳作品，进行全班展示与评价，并由组长简要介绍推选的理由，小组其他成员补充并记录。

小组最佳作品制作人：＿＿＿＿＿＿＿＿

推选理由：＿＿

其他小组评价意见：＿＿＿

教师评价意见：＿＿＿

引导问题

（2）将本次学习活动出现的问题及其产生的原因和解决的办法填写在表 6-7 中。

表 6-7　　问题分析表

出现的问题	产生的原因	解决的办法

自我评价

（3）将本次学习活动中自己最满意的地方和最不满意的地方各写一点，并简要说明原因，然后完成表 6-8 中相关内容的填写。

最满意的地方：＿＿＿＿＿＿＿＿＿＿＿＿＿＿＿＿＿＿＿＿＿＿＿＿＿

最不满意的地方：＿＿＿＿＿＿＿＿＿＿＿＿＿＿＿＿＿＿＿＿＿＿＿＿

表 6-8　　学习活动考核评价表

学习活动名称：盘扣制作

班级：　　学号：　　姓名：　　指导教师：

<table>
<tr><th rowspan="3">评价项目</th><th rowspan="3">评价标准</th><th rowspan="3">评价依据</th><th colspan="3">评价方式</th><th rowspan="3">权重</th><th rowspan="3">得分小计</th><th rowspan="3">总分</th></tr>
<tr><th>自我评价</th><th>小组评价</th><th>教师（企业）评价</th></tr>
<tr><th>10%</th><th>20%</th><th>70%</th></tr>
<tr><td>关键能力</td><td>1. 能穿戴劳保服装，遵守安全生产操作规程
2. 能参与小组讨论，制订计划，相互交流与评价
3. 能积极主动、勤学好问
4. 能清晰、准确地与相关人员进行沟通
5. 能清扫场地和机台，归置物品，填写设备使用记录</td><td>1. 课堂表现
2. 工作页填写</td><td></td><td></td><td></td><td>40%</td><td></td><td rowspan="2"></td></tr>
<tr><td>专业能力</td><td>1. 能区分不同类型的盘扣
2. 能叙述盘扣制作所用工具和设备的名称与功能
3. 能识读盘扣生产工艺单，明确工艺要求，叙述其制作流程
4. 能在教师指导下，完成盘扣制作的全过程
5. 能按照企业标准（或世界技能大赛评分标准）对盘扣成品进行质量检验，并进行展示</td><td>1. 课堂表现
2. 工作页填写
3. 提交的作品</td><td></td><td></td><td></td><td>60%</td><td></td></tr>
<tr><td>指导教师综合评价</td><td colspan="8">

指导教师签名：　　　　日期：</td></tr>
</table>

三、学习拓展

说明：本阶段学习拓展建议课时为 2 ～ 4 课时，要求学生在课后独立完成。教师可根据本校的教学需要和学生的实际情况，选择部分或全部内容进行实践，也可另行选择相关拓展内容，亦可不实施本学习拓展，将其所省课时用于学习过程阶段实践内容的强化。

拓展

请同学们在教师指导下，通过小组讨论交流，利用所学方法完成图 6-7 所示花扣的制作。

图 6-7　花扣

查询与收集

请同学们通过查阅相关学习材料或企业生产工艺单，选择 1 ～ 2 个关于盘扣制作的生产工艺单，摘录其工艺要求和制作流程。

学习活动 2
布艺玫瑰花制作

学习目标

1. 能严格遵守工作制度，服从工作安排，按要求准备好布艺玫瑰花制作所需的工具、设备、材料与各项技术文件。

2. 能正确识读布艺玫瑰花制作各项技术文件，明确布艺玫瑰花制作的流程、方法和注意事项。

3. 能查阅相关技术资料，制订布艺玫瑰花制作计划，并在教师的指导下，通过小组讨论作出决策。

4. 能依据技术文件要求，结合布艺玫瑰花制作规范，独立完成布艺玫瑰花的制作、检查与复核工作。

5. 能按照企业标准（或世界技能大赛评分标准）对布艺玫瑰花进行质量检验，并依据检验结果，将布艺玫瑰花修改、调整到位。

6. 能记录布艺玫瑰花制作过程中的疑难点，通过小组讨论、合作探究，或在教师的指导下，提出较为合理的解决办法。

7. 能展示、评价布艺玫瑰花制作各阶段成果，并根据评价结果，作出相应反馈。

一、学习准备

1. 服装制作学习工作室、缝制设备、整烫设备。

2. 劳保服装、安全生产操作规程、生产工艺单（见表 6-9）、服装缝制工艺相关学习材料。

3. 分成学习小组（以英文大写字母命名，每组 5 ~ 6 人），分组信息填写在表 6-10 中。

表 6-9　　布艺玫瑰花生产工艺单

<table>
<tr><td>部件名称</td><td colspan="2">布艺玫瑰花</td></tr>
<tr><td>款式图与款式说明</td><td>款式图</td><td>款式说明：
1. 布艺玫瑰花用缎带制作，玫瑰花直径约 6 cm，高度约 4 cm，花瓣层层叠叠，微微卷起
2. 玫瑰花底部用雪花纱装饰</td></tr>
<tr><td>工艺要求</td><td colspan="2">1. 布艺玫瑰花表面看不到胶水或线迹
2. 花型美观、饱满、自然
3. 无水渍、污渍，无破损
4. 作品整洁、美观
5. 遵守各项规章制度，正确使用工具、设备</td></tr>
<tr><td>制作流程</td><td colspan="2">核对材料→裁剪缎带→制作花瓣→连接花瓣→卷花瓣→整理→质量检验</td></tr>
<tr><td>备注</td><td colspan="2"></td></tr>
</table>

表 6-10　　小组编号表

组号	组内成员及编号	组长姓名	组长编号	本人姓名	本人编号

提个醒

请同学们检查一下，劳保服装有没有穿好？工作区域是否干净整洁？

二、学习过程

（一）明确工作任务、获取相关信息

1. 知识学习

小贴士

图 6–8 所示是用多种材料，按照自然花卉造型制作的人造立体花，通常称作花饰。花饰在服饰中运用十分广泛，头饰、帽饰、胸饰、腰饰、鞋饰等都可以采用人造立体花。

图 6–8　花饰

引导问题

请同学们想一想，服装上的花饰通常在哪些部位？

小贴士

花饰制作材料及工具如下。

面料：做花饰常用的是纺织面料，包括棉布、丝绸、合成纤维面料、呢绒类面料等。

辅料：缎带、亮片、珠子、胶水、线绳、缝纫线、丝线等。

工具：剪刀、镊子、熨斗、胶枪、手缝针等。

引导、评价、更正与完善

在教师讲评引导的基础上，对本阶段的学习活动成果进行自我评分和小组评分（100 分制），之后独立用红笔对本阶段的引导问题的回答进行更正和完善。

项目	类别	分数	项目	类别	分数
个人自评分	关键能力		小组评分	关键能力	
	专业能力			专业能力	

2. 学习检验

引导问题

在教师的引导下，独立完成表 6-11 的填写。

表 6-11　　学习任务与学习活动简要归纳表

本次学习任务的名称	
本次学习活动的名称	
本次学习活动的主要目标	
你认为本次学习活动中，哪些目标的实现难度较大	

引导、评价、更正与完善

在教师讲评引导的基础上，对本阶段的学习活动成果进行自我评分和小组评分（100 分制），之后独立用红笔对本阶段的引导问题的回答进行更正和完善。

项目	类别	分数	项目	类别	分数
个人自评分	关键能力		小组评分	关键能力	
	专业能力			专业能力	

（二）制订布艺玫瑰花制作计划并决策

1. 知识学习

学习制订计划的基本方法、内容和注意事项。

计划制订参考意见：整个工作的内容和目标是什么？整个工作分几步实施？工作过程中要注意什么？小组成员之间该如何配合？出现问题该如何处理？

2. 学习检验

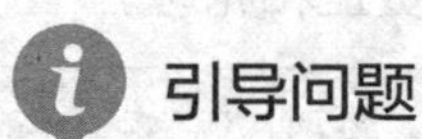

（1）请简要写出你们的小组工作计划。

引导问题

（2）你在制订计划的过程中承担了什么工作，有什么体会？

引导问题

（3）教师对于小组的计划给出了什么修改建议，为什么？

引导问题

（4）你认为计划中哪些地方比较难实施，为什么？你有什么想法？

引导问题

（5）小组最终作出了什么决定？是如何作出的？

引导、评价、更正与完善

在教师讲评引导的基础上，对本阶段的学习活动成果进行自我评分和小组评分（100 分制），之后独立用红笔对本阶段的引导问题的回答进行更正和完善。

项目	类别	分数	项目	类别	分数
个人自评分	关键能力		小组评分	关键能力	
	专业能力			专业能力	

（三）布艺玫瑰花制作与检验

1. 知识学习

请同学们认真阅读布艺玫瑰花生产工艺单，然后回答以下引导问题。

引导问题

（1）简述布艺玫瑰花制作的工艺要求。

引导问题

（2）简述布艺玫瑰花的制作流程。

2. 操作演示

请扫描二维码，观看布艺玫瑰花制作视频。

3. 技能训练

引导问题

（1）请同学们在教师的示范指导下，各自进行花瓣制作训练，然后查阅相关学习材料或观看视频，进行小组讨论，针对本视频中的布艺玫瑰花制作，回答以下几个问题。图 6-9 所示为花瓣制作步骤。

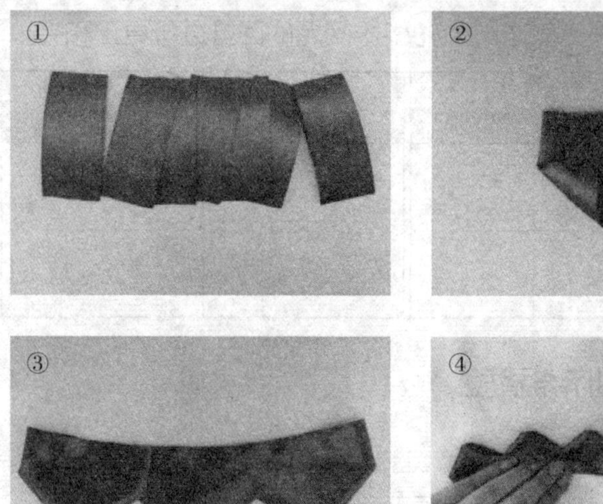

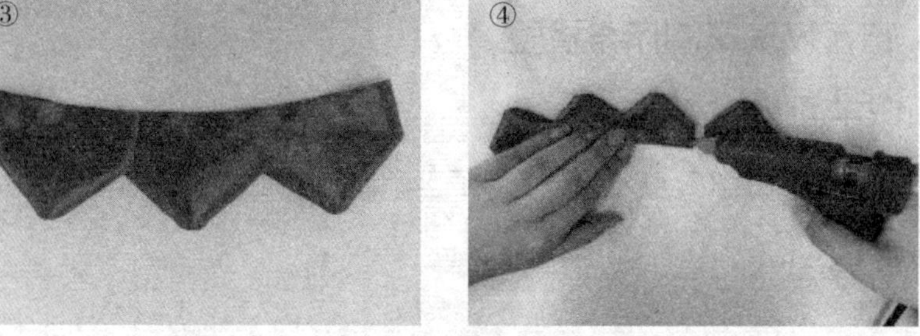

图 6-9　花瓣制作步骤

①制作花瓣时，裁剪多长的缎带比较适宜？

②制作花瓣有哪些步骤？

③多少片花瓣可以合成一朵玫瑰花？

④卷花瓣的时候需要用什么工具，如何正确使用这种工具？

小贴士

布艺花饰是指用各种有质感的面料通过缠绕、抽缝、粘贴等方式制成的各种布艺花卉（见图 6-10）。有的花型可用单层面料，做出的花饰轻盈飘逸；有的花型可用双层或多层面料，做出的花饰比较立体、有层次感、有厚重感。

布艺花饰按其用途可分为两大类：一是专门为服装装饰设计的花饰，比如在服装的领口、袖口、肩部、背部、裙摆等部位设计的装饰花，这类花饰应与服装的款式、造型、面料、色彩相匹配；二是单独的花饰，这类花饰消费者可根据着装需求自由搭配，因此这类花饰在设计上受限比较少，造型、色彩、面料比较随意。

图 6-10　各种布艺花饰

引导问题

（2）请同学们在教师的示范指导下，用所学的方法完成图 6-11 所示布艺花饰的制作。然后查阅相关学习材料，进行小组讨论，并独立回答以下几个问题。

图 6-11　布艺花饰

①图 6-11 所示花饰采用的是什么面料？图中的圆珠起到什么样的装饰效果？

②图 6-12 所示花饰在反面加上别针可以起到固定的作用，除了使用别针，还可以使用哪些固定方法？

图 6-12　花饰

③ 花饰如果与服装搭配，应与服装的哪些方面相匹配？

引导问题

（3）请同学们在教师的指导下，各自核对发放的材料及其种类（面料、里料、衬料、样板、辅料等）、数量、纱向，填写在表 6-12 中。

表 6-12　　　　材料明细表

材料名称	材料种类	材料数量	材料纱向

4. 学习检验

训练

（1）请同学们在教师的指导下，参照世界技能大赛评分标准完成布艺玫瑰花成品的质量检验，独立填写表 6-13，并将布艺玫瑰花修改、调整到位。

表 6-13　布艺玫瑰花制作评分表（参照世界技能大赛评分标准）

序号	分值	评分项目	评分内容	评分标准	得分
1	15	布艺玫瑰花制作的完成度	按照工艺要求完成制作	完成得分，未完成不得分	
2	15	整洁度	外观干净整洁、无脏斑、无线头或胶水、无破损	有一处错误扣 5 分，扣完为止	
3	20	规格	尺寸规格达到要求	有一处错误扣 5 分，扣完为止	
4	10	裁片	裁片材料与服饰风格相适合	有一处错误扣 5 分，扣完为止	
5	10	线迹	玫瑰花表面看不到线迹	有一处错误扣 5 分，扣完为止	
6	20	外观	花型美观、饱满、自然	有一处错误扣 5 分，扣完为止	
7	10	工作区整洁	工作结束后，工作区要整理干净，物品摆放整齐，电源关闭	有一处错误扣 5 分，扣完为止	
合计得分					

引导问题

（2）请同学们以小组为单位，完成表 6-14 的填写。

表 6-14　　设备使用记录表

使用设备名称		是否正常使用	
		是	否，是如何处理的
裁剪设备			
缝制设备			
整烫设备			

引导、评价、更正与完善

在教师讲评引导的基础上，对本阶段的学习活动成果进行自我评分和小组评分（100 分制），之后独立用红笔对本阶段的引导问题的回答进行更正和完善。

项目	类别	分数	项目	类别	分数
个人自评分	关键能力		小组评分	关键能力	
	专业能力			专业能力	

（四）成果展示与评价反馈

1. 知识学习

布艺玫瑰花制作成品建议在干净的工作台上平面展示。

通过观察布艺玫瑰花外观是否干净整洁，表面是否有线迹或胶水，花型是否自然、饱满、美观等来判断其工艺质量是否达到要求，最终进行整体评价。

世界技能大赛链接

图 6-13 所示是深圳市第十一届职工技术创新运动会暨 2021 年深圳技能大赛——时装技术“工匠之星”职业技能竞赛的参赛选手的作品，该连衣裙的花饰设计很有特色。

图 6-13　连衣裙花饰

2. 技能训练

实践

（1）将布艺玫瑰花平放在干净的工作台上进行平面展示。

自我评价

（2）依据表 6-13，对平放展示的布艺玫瑰花进行自我评价和小组评价。

3. 学习检验

引导问题

（1）在教师的指导下，在小组内进行作品展示，然后经由小组讨论，推选出一组最佳作品，进行全班展示与评价，并由组长简要介绍推选的理由，小组其他成员补充并记录。

小组最佳作品制作人：____________________

推选理由：____

____

____

其他小组评价意见：____

____

教师评价意见：______________________________

____

引导问题

（2）将本次学习活动出现的问题及其产生的原因和解决的办法填写在表 6–15 中。

表 6–15　　　　问题分析表

出现的问题	产生的原因	解决的办法

自我评价

（3）将本次学习活动中自己最满意的地方和最不满意的地方各写一点，并简要说明原因，然后完成表 6–16 中相关内容的填写。

最满意的地方：______________________________

最不满意的地方：______________________________

表 6–16　　　　学习活动考核评价表

学习活动名称：布艺玫瑰花制作

班级：　　　　学号：　　　　姓名：　　　　指导教师：

评价项目	评价标准	评价依据	评价方式			权重	得分小计	总分
			自我评价	小组评价	教师（企业）评价			
			10%	20%	70%			
关键能力	1. 能穿戴劳保服装，遵守安全生产操作规程 2. 能参与小组讨论，制订计划，相互交流与评价 3. 能积极主动、勤学好问	1. 课堂表现				40%		

续表

评价项目	评价标准	评价依据	评价方式			权重	得分小计	总分
			自我评价	小组评价	教师（企业）评价			
			10%	20%	70%			
关键能力	4. 能清晰、准确地与相关人员进行沟通 5. 能清扫场地和机台，归置物品，填写设备使用记录	2. 工作页填写						
专业能力	1. 能区分不同类型的花饰 2. 能叙述布艺玫瑰花制作所用工具和设备的名称与功能 3. 能识读布艺玫瑰花生产工艺单，明确工艺要求，叙述其制作流程 4. 能在教师指导下，完成布艺玫瑰花制作的全过程 5. 能按照企业标准（或世界技能大赛评分标准）对布艺玫瑰花成品进行质量检验，并进行展示	1. 课堂表现 2. 工作页填写 3. 提交的作品				60%		
指导教师综合评价	指导教师签名：　　　　　　　　　　　　　　日期：							

三、学习拓展

说明：本阶段学习拓展建议课时为 1 ~ 2 课时，要求学生在课后独立完成。教师可根据本校的教学需要和学生的实际情况，选择部分或全部内容进行实践，也可另行选择相关拓展内容，亦可不实施本学习拓展，将其所省课时用于学习过程阶段实践内容的强化。

拓展

请同学们准备一个帆布拎包，在教师指导下，通过小组讨论交流，根据包的风格，用所学的方法，自制一朵布艺花对帆布拎包进行装饰，如图 6-14 所示。

图 6-14　帆布拎包

查询与收集

请同学们通过查阅相关学习材料或企业生产工艺单，选择 1 ~ 2 个关于布艺花制作的生产工艺单，摘录其工艺要求和制作流程。

学习活动 3
领 结 制 作

学习目标

1. 能严格遵守工作制度，服从工作安排，按要求准备好领结制作所需的工具、设备、材料与各项技术文件。

2. 能正确识读领结制作各项技术文件，明确领结制作的流程、方法和注意事项。

3. 能查阅相关技术资料，制订领结的制作计划，并在教师的指导下，通过小组讨论作出决策。

4. 能依据技术文件要求，结合领结制作规范，独立完成领结的制作、检查与复核工作。

5. 能按照企业标准（或世界技能大赛评分标准）对领结进行质量检验，并依据检验结果，将领结修改、调整到位。

6. 能记录领结制作过程中的疑难点，通过小组讨论、合作探究，或在教师的指导下，提出较为合理的解决办法。

7. 能展示、评价领结制作各阶段成果，并根据评价结果，作出相应反馈。

一、学习准备

1. 服装制作学习工作室、缝制设备、整烫设备。

2. 劳保服装、安全生产操作规程、生产工艺单（见表 6-17）、服装缝制工艺相关学习材料。

3. 分成学习小组（以英文大写字母命名，每组 5 ~ 6 人），分组信息填写在表 6-18 中。

表 6-17　　领结生产工艺单

部件名称	领结	
款式图与款式说明	款式图	款式说明： 1. 对称地固定在衣领上，结的两边各形成环状 2. 长 10 cm、宽 4.5 cm、中间宽 2.5 cm，上略小
工艺要求	1. 线迹密度为 16 ~ 18 针 /3 厘米，线迹松紧适度 2. 尺寸规格达到要求，领结长、宽误差分别小于 0.2 cm、0.1 cm，中间宽误差为 0 cm 3. 领结左右对称 4. 钉装饰珠不能有明显痕迹 5. 里外光洁，线头清理干净 6. 无水渍、污渍，无破损 7. 作品整洁、美观 8. 遵守各项规章制度，正确使用工具、设备	
制作流程	核对裁片→制作领结→钉装饰珠→整理→质量检验	
备注		

表 6-18　　小组编号表

组号	组内成员及编号	组长姓名	组长编号	本人姓名	本人编号

提个醒

请同学们在开始作业之前检查一下，机器各部位是否处于正常状态？工具与量具是否完好？

二、学习过程

（一）明确工作任务、获取相关信息

1. 知识学习

引导问题

（1）请同学们查阅资料，写出领结的起源与发展。

____

____

____

小贴士

领结起源于 17 世纪，当时的克罗地亚雇佣兵使用丝巾固定衬衫的领口，后来这个方法逐渐被法国上流社会所采用，并发展出领结，在 18 世纪及 19 世纪盛行。到 19 世纪末期，领结的末端变得越来越长，渐渐演变成领带。领结的式样如图 6-15 所示。

图 6-15　领结

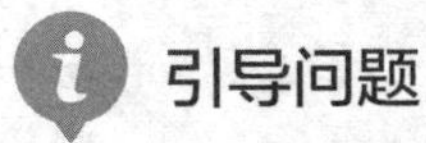

引导问题

（2）请同学们想一想，领结一般和什么样的服装搭配？

____

____

引导、评价、更正与完善

在教师讲评引导的基础上，对本阶段的学习活动成果进行自我评分和小组评分（100 分制），之后独立用红笔对本阶段的引导问题的回答进行更正和完善。

项目	类别	分数	项目	类别	分数
个人自评分	关键能力		小组评分	关键能力	
	专业能力			专业能力	

world skills international 世界技能大赛链接

图 6–16 所示是第 45 届世界技能大赛时装技术项目江苏参赛选手李亦琦的训练作品。该连衣裙领口用领结装饰，与连衣裙风格相吻合，显得很精致。

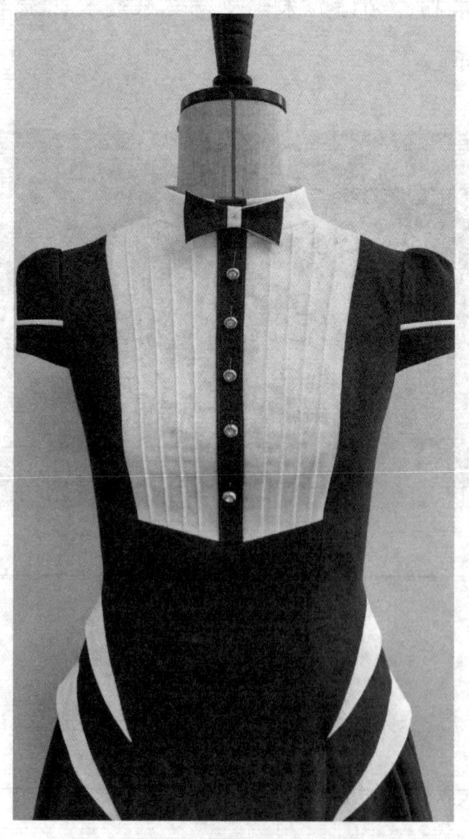

图 6–16　采用领结装饰的连衣裙

2. 学习检验

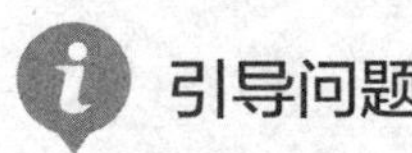

在教师的引导下，独立完成表 6-19 的填写。

表 6-19　　学习任务与学习活动简要归纳表

本次学习任务的名称	
本次学习活动的名称	
本次学习活动的主要目标	
你认为本次学习活动中，哪些目标的实现难度较大	

引导、评价、更正与完善

在教师讲评引导的基础上，对本阶段的学习活动成果进行自我评分和小组评分（100 分制），之后独立用红笔对本阶段的引导问题的回答进行更正和完善。

项目	类别	分数	项目	类别	分数
个人自评分	关键能力		小组评分	关键能力	
	专业能力			专业能力	

（二）制订领结制作计划并决策

1. 知识学习

学习制订计划的基本方法、内容和注意事项。

计划制订参考意见：整个工作的内容和目标是什么？整个工作分几步实施？工作过程中要注意什么？小组成员之间该如何配合？出现问题该如何处理？

2. 学习检验

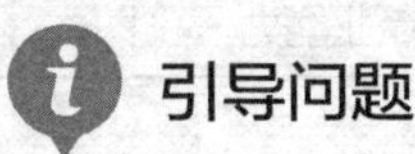

（1）请简要写出你们的小组工作计划。

 引导问题

（2）你在制订计划的过程中承担了什么工作，有什么体会？

 引导问题

（3）教师对于小组的计划给出了什么修改建议，为什么？

 引导问题

（4）你认为计划中哪些地方比较难实施，为什么？你有什么想法？

 引导问题

（5）小组最终作出了什么决定？是如何作出的？

引导、评价、更正与完善

在教师讲评引导的基础上，对本阶段的学习活动成果进行自我评分和小组评分（100 分制），之后独立用红笔对本阶段的引导问题的回答进行更正和完善。

项目	类别	分数	项目	类别	分数
个人自评分	关键能力		小组评分	关键能力	
	专业能力			专业能力	

（三）领结制作与检验

1. 知识学习

请同学们认真阅读领结制作生产工艺单，然后回答以下引导问题。

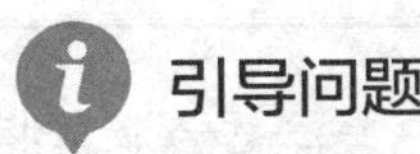

（1）简述领结制作的工艺要求。

（2）简述领结的制作流程。

2. 操作演示

请扫描二维码，观看领结制作视频。

3. 技能训练

（1）请同学们结合观看视频和教师示范，各自进行领结制作训练，然后查阅相关学习材料，进行小组讨论，回答以下几个问题。

①领结中间的圆珠起什么样的作用？

②领结制作的工艺要求有哪些？

小贴士

领结是系在领口部的一种领饰，起装饰作用，男女装都可以使用。男士领结一般用于正式礼服的领口装饰（见图 6-17）；女士领结佩戴相对比较随意，在一般生活、工作等场合都可以佩戴。在选择领结时，要注意与服装搭配适宜，从领结的款式、面料、花纹图案和色彩等方面综合考虑。

图 6–17 领结

引导问题

（2）请同学们在教师的示范指导下，用所学方法在基础款领结的基础上，完成图 6–18 所示右侧领结的制作。然后查阅相关学习材料，进行小组讨论，回答以下几个问题。

图 6–18 领结

①图中两种款式领结的特点分别有哪些？

____

____

____

____

②两种领结的制作方法有什么不同之处？

____

____

____

____

小贴士

男士领带和领结的区别有以下三个方面：

（1）使用方法不同。领带佩戴在衬衫领外侧并在前领窝位置打结，领带广义上包括领结。领结是用丝带打成，结的两面均匀且对称，各形成环状，本学习活动制作的领结是成品领结，靠挂钩将其固定在领口。

（2）带长不同。领带相对于领结来说带长较长，一般穿西装系的领带的长度以领带尖恰好到皮带扣处为宜；而领结是在领子前系成横结，没有多余带长。

（3）使用场合不同。领带通常与西服搭配使用，是人们（特别是男士）在商务活动以及日常生活中最基本的装饰品。领结通常与较隆重的礼服搭配。

男士领带与领结式样如图 6-19 所示。

图 6-19　领带与领结

引导问题

（3）请同学们在教师的指导下，各自核对发放的材料及其种类（面料、里料、衬料、样板、辅料等）、数量、纱向，填在表 6-20 中。

表 6-20　　材料明细表

材料名称	材料种类	材料数量	材料纱向

4. 学习检验

训练

（1）请同学们在教师的指导下，参照世界技能大赛评分标准完成领结成品的质量检验，独立填写表 6-21，并将领结修改、调整到位。

表 6-21　　领结制作评分表（参照世界技能大赛评分标准）

序号	分值	评分项目	评分内容	评分标准	得分
1	15	领结制作的完成度	按照工艺要求完成制作	完成得分，未完成不得分	
2	15	整洁度	外观干净整洁、无脏斑、无线头、无破损	有一处错误扣 5 分，扣完为止	
3	20	规格	尺寸规格达到要求，长、宽分别为 10 cm、4.5 cm，误差分别小于 0.2 cm、0.1 cm；中间宽 2.5 cm，误差为 0 cm	有一处错误扣 5 分，扣完为止	
4	10	裁片丝绺	裁片丝绺准确	有一处错误扣 5 分，扣完为止	
5	10	线迹	线迹密度：16 ~ 18 针 /3 厘米，线迹松紧适度	有一处错误扣 5 分，扣完为止	
6	20	外观	左右对称，造型美观	有一处错误扣 5 分，扣完为止	
7	10	工作区整洁	工作结束后，工作区要整理干净，物品摆放整齐，电源关闭	有一处错误扣 5 分，扣完为止	
合计得分					

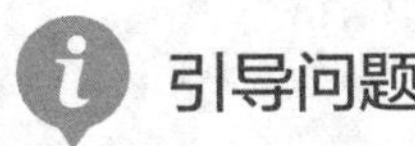

引导问题

（2）请同学们以小组为单位，完成表 6-22 的填写。

表 6-22　　设备使用记录表

使用设备名称		是否正常使用	
		是	否，是如何处理的
裁剪设备			
缝制设备			
整烫设备			

引导、评价、更正与完善

在教师讲评引导的基础上，对本阶段的学习活动成果进行自我评分和小组评分（100 分制），之后独立用红笔对本阶段的引导问题的回答进行更正和完善。

项目	类别	分数	项目	类别	分数
个人自评分	关键能力		小组评分	关键能力	
	专业能力			专业能力	

（四）成果展示与评价反馈

1. 知识学习

领结成品建议在干净的工作台上平面展示。

通过观察领结外观是否干净整洁、造型是否美观来判断其工艺质量是否达到要求；通过测量领结的长、宽来判断其尺寸是否符合要求；同时，还要比对领结两侧是否对称，最终进行整体评价。

2. 技能训练

实践

（1）将领结成品平放在干净的工作台上进行平面展示。

自我评价

（2）依据表 6-21，对平放展示的领结进行自我评价和小组评价。

3. 学习检验

引导问题

（1）在教师的指导下，在小组内进行作品展示，然后经由小组讨论，推选出一组最佳作品，进行全班展示与评价，并由组长简要介绍推选的理由，小组其他成员补充并记录。

小组最佳作品制作人：____________________

推选理由：____

____

____

其他小组评价意见：____

____

____

教师评价意见：____

____

____

引导问题

（2）将本次学习活动出现的问题及其产生的原因和解决的办法填写在表 6-23 中。

表 6-23　　问题分析表

出现的问题	产生的原因	解决的办法

自我评价

（3）将本次学习活动中自己最满意的地方和最不满意的地方各写一点，并简要说明原因，然后完成表 6-24 中相关内容的填写。

最满意的地方：________________

最不满意的地方：________________

表 6-24　　学习活动考核评价表

学习活动名称：领结制作

<table>
<tr><td colspan="2">班级：</td><td colspan="2">学号：</td><td colspan="2">姓名：</td><td colspan="3">指导教师：</td></tr>
<tr><td rowspan="3">评价项目</td><td rowspan="3">评价标准</td><td rowspan="3">评价依据</td><td colspan="3">评价方式</td><td rowspan="3">权重</td><td rowspan="3">得分小计</td><td rowspan="3">总分</td></tr>
<tr><td>自我评价</td><td>小组评价</td><td>教师（企业）评价</td></tr>
<tr><td>10%</td><td>20%</td><td>70%</td></tr>
<tr><td>关键能力</td><td>1. 能穿戴劳保服装，遵守安全生产操作规程
2. 能参与小组讨论，制订计划，相互交流与评价
3. 能积极主动、勤学好问
4. 能清晰、准确表达，与相关人员进行有效沟通
5. 能清扫场地和机台，归置物品，填写设备使用记录</td><td>1. 课堂表现
2. 工作页填写</td><td></td><td></td><td></td><td>40%</td><td></td><td rowspan="2"></td></tr>
<tr><td>专业能力</td><td>1. 能区分不同类型的领结
2. 能叙述领结制作所用工具和设备的名称与功能
3. 能识读领结制作生产工艺单，明确工艺要求，叙述其制作流程
4. 能在教师指导下，完成领结制作的全过程
5. 能按照企业标准（或世界技能大赛评分标准）对领结成品进行质量检验，并进行展示</td><td>1. 课堂表现
2. 工作页填写
3. 提交的作品</td><td></td><td></td><td></td><td>60%</td><td></td></tr>
<tr><td>指导教师综合评价</td><td colspan="8">

指导教师签名：　　　　　　　　日期：</td></tr>
</table>

三、学习拓展

说明：本阶段学习拓展建议课时为 1 ~ 2 课时，要求学生在课后独立完成。教师可根据本校的教学需要和学生的实际情况，选择部分或全部内容进行实践，也可另行选择相关拓展内容，亦可不实施本学习拓展，将其所省课时用于学习过程阶段实践内容的强化。

拓展

请同学们在教师指导下，通过小组讨论交流，用所学方法在基础款领结的基础上，完成图 6-20 所示蝴蝶领结制作，要求左右对称、比例协调、大小合适、造型优美。

图 6-20　蝴蝶领结

查询与收集

请同学们通过查阅相关学习材料或企业生产工艺单，选择 1 ~ 2 个关于领结制作的生产工艺单，摘录其工艺要求和制作流程。